이 책을 나의 멋진 여행 파트너, 현송과 채현에게 전합니다.

좋은 날이 올거야

좋은 날이 올거야

글·사진 구민아

Part1 떠나다

이야기가 가득한 그 곳으로 떠나다

Part2 만나다

피고지는 인연을 만나다

Part3 생각하다

마주한 삶을 바라보고 생각하다

여행 시작하기

내가 스물한 살 되던 해. 부모님이 물려주신 튼실한 하체로 경주에서 임진각까지, 550km를 종주하였다. 걷고걷다 보니 동요의 한 구절처럼 '자꾸 걸어 나가다 보면' 더 큰 세상을 볼 수 있을 것만 같은 기분이 들었다. 그래서 세계일주라는 광대한 꿈을 가슴에 품었다. 막연했던 꿈을 실행에 옮기려니 이미 난 직장이란 곳에 발을 들여놓은 후였다. 여느 직장인처럼 여행을 위해 쓸 수 있는 시간은 그리 길지 못하였다. 학생이라 시간은 많고 돈은 없던 시절, 나중에 스스로 돈을 벌게 되면 꼭 여행을 떠날 거라 장담했던 그때는 미처 알지 못했다. 돈이 있어도 시간이 없어 원하는 여행을 가기 힘들 수도 있다는 사실을 말이다.

하지만 내 안에서 꼬물거리는 그 바람들을 그저 아쉬움으로 꾹 눌러버리고 있기에는 난 아직 너무 젊었고 소망은 간절했다. 부족한 시간에 맞춘 세계여행 절충안을 모색하기 시작했다. 세계를 한 번에 다 돌 수 없다면 나는 내 여건에 맞게 나눠서 가면 되지 않겠냐고 마음먹었다. 비용과 시간이 많이 들 뿐이지 세계여행의 꿈은 다를 바가 없었다.

그리고 몇 달 뒤 꿈을 이루기 위해 배낭을 꾸리고 마음 속에 세계지도를 펼쳤다.

늘 끝이라고 생각했던 길에서 난 또 다른 새로운 길을 만난다. 그러니 어떤 길을 걷게 되든 그게 설령 너무 힘든 길이라 해도 저 어딘가엔 분명 희망으로 연결되는 또 다른 길이 펼쳐질 것임을 믿는다. 내가 힘들 때 여행은 당장 내게 기대했던 해답을 주진 않았다. 하지만 시간이 흐르고 걸어온 길들이 어렴풋한 추억이 될 때쯤이면 내가 그토록 찾고자 했던 그 답은 이미 내 안에 있음을 깨닫는다.

그저 낯섦이 좋아 떠나고 돌아옴을 반복하던 나는 이제 떠나면 일상이 그립고 일상에선 다시 떠나기를 갈망한다. 내가 향한 그곳도 시간이 지나면 일상이 되어버리고 늘 머무르는 일상도 하루하루 쪼개어보면 항상 떠남의 반복이다. 이제 나에게 떠난다는 것은 살아감을 의미한다.

궁극의 목적은 결국 우리가 세상에 보내진 이상 좀 더 '잘 살다' 가야 할 의무가 있다는 것이다. 그래서 좀 더 나은 인간으로 제대로 살다 가기 위해 각자 나름의 방법으로 스스로를 수양해 나간다. 난 태어나기를 방황하며 깨달음을 얻도록 운명 지어졌기에 이렇게 발품을 팔아가며 여행을 통해 자신을 성장시켜나간다.

여행에서 돌아와 여행담을 늘어놓는 것이 내 소소한 행복이다. 좀 더 많은 사람들과 그 행복을 나누고 싶어 글을 쓰기로 마음먹었다. 여행길이 막혀버려 여행의 갈증을 느끼는 이들, 백만 가지 핑계로 떠나기를 망설이고 있는 이들이 잠시 떠나는 여행 대신 읽는 여행으로 그 마음을 달래보기를 권해본다. 길 위에서 성장하는 과정 속에서의 행복한 장면들을 기록했다. 내 글을 따라 눈을 옮기는 그대들도 꼭 그만큼 행복해졌으면 하고 바란다.

Nikon
Nikon

Part. 01 떠나다

이야기가 가득한 그곳으로 떠나다

잃어버린 배낭

배낭을 잃어버렸다. 그것도 지구 반대편 튀니지의 아주 작은 사막마을에서.

분신처럼 업고 다니던 배낭이 없어진 줄도 모르고 호텔 체크인까지 하고서야 등이 허전한 걸 알아차렸다. 가뿐한 몸으로 사뿐히 계단을 즈려 밟는 순간, 알아차렸다. 이 정체모를 허전함의 실체를.

“내 배낭!!”

짧은 외마디 비명과 함께 생각과 행동이 정지되었다. 살면서 눈앞은 캄캄하고 머릿속은 하얘지는 경험을 한 적이 있느냐 묻는다면 단연 이 장면이 떠오를 것이었다. 뒤늦게 쫓아가봐야 헛일이었지만 나는 호텔 문을 박차고 뛰어나갔다. 택시는 이미 떠난 뒤였다.

차디찬 호텔 계단에 털썩 주저앉았다. 여행 중 그 흔한 볼펜 한 자루 잃어버린 적이 없던 나였는데... 온갖 세간살이를 다 짊어지고 다니는 여행자가 자신의 몸보다 귀중히 여겨야할 배낭을 잃어버릴 수가 있다니, 어쩌자고 나는 잠깐 볼일이라도 볼 요량으로 시내에 나온 동네 아지매처럼 택시비만 덜렁 주고 우아하게 하차를 해버린 것인가. 아무리 생각해도 이해할 수 없었다.

멍하니 허공을 쳐다보다 생각이란 걸 시작했다.

'배낭에 뭐가 들어있었더라?'

8kg 남짓한 배낭 속은 여느 여행자들의 배낭과 다르지 않았다. 갈아입을 옷가지들과 세면도구, 화장품, 침낭, 운동화... 다행이 가장 중요한 여권과 돈, 항공권이며 카메라는 어깨에 메고있는 보조가방 안에 들어 있었다.

'까짓 거...'

곱씹어 생각하니 배낭에 든 짐이야 없어도 그만, 이라는 나로서는 꽤 배포가 큰 깨달음에까지 이르렀다.

그렇다. 여권, 돈, 항공권처럼 여행자의 생명과도 같은 귀중품을 분실했다면 어땠을까. 생각만 해도 식은땀이 흐른다. 그에 비하면 무거운 배낭 속에 욱여넣은 일상의 물건들은 있으면 좋고 없어도 그만인 '짐'이 아닌가.

옷이야 입고 있는 걸 조금씩 빨아 입으면 되고(물론 밤사이 마르지 않으면 쉰내를 풍기며 여행지를 누벼야하는 불편이 있으리라) 로션, 선크림이야 뭐 생략하면 된다(얼굴에 기미와 버짐쯤이야..). 한결 기분이 가벼워졌다. 이것이 진정한 여행자 정신, 무소유의 정신이 아니던가.

사실 배낭을 쌀 때조차 최대한 줄이고 줄인 짐이었다. 하지만 배낭을 잃어버리고 나니 그조차도 꼭 필요했는지 의문이 들었다. 정말 그 물건들은 없어서는 안 될 것들이었나?

나는 스스로에게 질문했다. 이제껏 나는 필요하지도 않은 물건들을 움켜쥐고 살았던 건 아닐까. 그저 놓아버릴 수 없어서 미련하게 움켜쥐고 살았던 물건, 사람 그리고 기억들... 배낭을 잃어버리고 나서야 깨달았다. 불필요한 '짐'들을 너무 많이 이고 살았다는 사실을 말이다.

툭툭 털고 일어나 호텔 프론트로 갔다. 머릿속이야 정리했지만, 마음에는 여전히 미련이 남아 실낱같은 희망으로 호텔 주인에게 도움을 청했다.

"배낭을 택시에 두고 내렸어. 어떡하면 좋지?"

"걱정하지 마. 찾을 수 있어."

"어떻게? 난 택시 번호도 모르는데."

"여기 두즈는 시내가 워낙 작아서 택시회사에 전화해보면 니가 탔던 택시를 금방 찾아줄 거야. 내가 전화해줄 테니까 기다려봐."

내가 아는 프랑스어는 콧구멍을 한껏 벌름거리며 발음하는 '마드모아젤' 이란 단어 뿐이다. 영어로 말했던 내게 프랑스어로 답한 그의 말이 어쩜 그렇게 쏙쏙 귀에 들어왔는지 지금 생각해도 의문이다. 이때의 경험으로 언어는 분위기와 감정만으로도 충분히 소통할 수 있다고 믿게 됐다. 또 긴박한 상황에서는 외계 언어라도 알아듣는 초능력이 생긴다는 이치도.

배낭이 돌아왔다. 쌩하니 먼지만 남기고 가버렸던 택시가 돌아와 배낭을 내려주었다. 나를 도와준 호텔 주인이 기사에게 한마디 했다.

"넌 왜 손님 짐도 안내려주고 그냥 가버렸어!"

물론 이것도 프랑스어를 감으로 해석 한 나의 추측이다.

기나긴 체크인을 마치고 방으로 들어왔다. 온 몸은 땀범벅이었다. 배낭을 눈에 잘 보이는 곳에 놓아두고 둘러멘 보조가방까지 내려놓으니 그제야 긴장이 풀렸다. 여행 내내 단벌숙녀로 만들 뻔했던 옷을 벗어던지고 욕실로 향했다.

뜨겁고 노오란 쇳물이 비릿한 냄새를 풍기며 졸졸 흘러나왔다. 정확히 땀을 씻을 정도의 양이었다. 샤워를 끝낸 나는 사막 한 가운데 지어진 호텔 방 침대에 쓰러져 끝 모를 잠에 빠져들었다. 되찾은 배낭을 꼬옥 그러안은 채로.

사막에 가면 난 조금 나아질지 몰라

마을을 아이스크림처럼 녹여버릴 것만 같이 이글거리던 태양이 지평선을 향해 내려오고 있었다. 사막의 초입에 투어를 예약한 여행자들이 하나둘씩 모이기 시작했다.

사막 투어의 시작은 지프차 탑승이었다. 두툼한 장화를 신은 듯 커다란 바퀴를 장착하고 있는 차 한 대가 우리를 기다리고 있었다. 운전석에 타고 있던 남자는 짙은 선글라스를 끼고 무표정하게 앉아 있었다. 차에 올라타 짧은 인사를 건넸다. 그는 짙은 눈썹을 살짝 올렸다 내리는 것으로 인사를 대신했다.

사방으로 끝도 없는 사막이 펼쳐졌다. 백미러로 보이는 운전사의 얼굴이 비쳤다. 검은 선글라스 너머로 예측할 수 없는 그의 표정이 의심스러웠다. 이런 사막 한가운데 우리를 버려

두고 가버린다고 해도 아무도 찾지 못할 것만 같았다.

슬슬 불안해지는 마음을 안고 손잡이를 꽉 잡고 있던 순간. 지프는 사막을 향해 서서히 돌진하였다. 점점 속도를 올리더니 사구를 오르락내리락 전속력으로 훑고 지나갔다. 우리 엉덩이는 공중부양을 하였다가 그대로 의자를 향해 추락하였다. 엉덩이뼈가 와작하고 으스러질 것만 같았다. 높은 사구 정점에서 아슬하게 매달려있던 지프는 그대로 미끄럼틀을 타듯 내달렸다. 사막의 청룡열차였다. 스릴을 넘어서 정신줄을 붙들고 있기 힘들 정도였다. 두려움이 커질수록 우리 비명의 데시벨은 높아져만 갔다.

"아악~! 사람 살려~~!"

옆에 앉은 친구들의 비명에 내 고막이 마비될 정도였다. 나의 고음까지 합세하여 비명 삼중창이 이어졌다. 백미러로 보이는 운전사는 눈물 콧물 질질 흘리며 소리를 질러대는 텐션 충만한 우리 모습에 입꼬리를 살짝 올렸다. 그리고는 재밌다는 듯 더욱더 전력 질주하였다. 그는 눈썹과 입꼬리 만으로 최소한의 감정을 표현하는 특이한 사람이었다. 그의 표정은 섬뜩했지만 그런 걸 생각할 겨를도 없이 손잡이를 두 손으로 꽉 잡은 채 철렁거리는 심장을 다스려야 했다.

표정이 음흉한 운전사와의 롤러코스터가 끝나고 다시 처음

모였던 장소에 내렸다. 이미 우리의 머리는 산발에 쉬어버린 목소리에서는 걸걸한 쇳소리가 났다.

투어의 다음 코스는 낙타 타고 숙박을 할 지점까지 가는 일이었다. 큰 눈망울을 하고 틀니 뺀 할머니처럼 입을 오물오물거리고 앉아있는 낙타들에게 가까이 다가갔다. 낙타의 얼굴은 가까이서 보니 참 사랑스러웠다. 졸린 듯한 커다란 눈망울과 기다란 속눈썹이 성격을 다 말해주는 인상이었다.

낙타의 등에는 안장이 올려져 있었다. 그 위에 올라타자 낙타가 굽혔던 무릎을 펴며 일어섰다. 낙타는 긴 무릎을 두 번 굽히고 앉아있었다. 그 무릎을 다 펴고 일어나니 높이가 상당했다. 한 걸음 한 걸음 느릿느릿 발걸음을 옮길 때마다 바닥으로 내동댕이 쳐질 것만 같아서 조마조마했다. 안장이 편하지 않아 엉덩이도 쑤셔왔다. 오늘은 아무래도 엉덩이에게 정말 미안한 일이 많은 날이다. 불안하고도 불편한 행진은 세 시간가량 이어졌다. 주변엔 하늘, 사막 그리고 우리밖에 없었다.

낙타 위의 흔들거림이 고단해질 무렵 큰 천막을 하나 쳐놓은 캠프가 보였다. 오늘 우리가 하룻밤을 보낼 숙소였다. 우리와 함께 출발했던 팀원은 다섯명 정도가 더 있었다. 함께 쿠스쿠스라는 튀니지 전통 음식을 먹었다. 그러던 중 옆으로 시꺼멓고 딱딱한 벌레가 지나갔다. 전갈처럼 생겼다 생각했다. 옆 사람이 전갈이라고 말했다. 그제야 뒤늦게 비명을 꺅! 하고 질렀다. 때론 모르는 게 약이다.

저녁 식사가 끝날 무렵 천막 밖에선 튀니지 전통 타악기 소리가 들려왔다. 멜로디도 없는 단순한 장단들이었지만 흥을 돋우기 충분했다. 사람들은 박자에 맞춰서 몸을 흔들기 시작했다. 가운데 피워놓은 불도 흔들리며 춤을 추었다. 인종도 국적도 성별도 뒤섞인 채 모두가 리듬에 몸을 맡겼다.

그때 알았다. 춤을 추면서도 명상을 할 수 있구나. 음악에 몸을 실은 채 흔들흔들거리자 머릿속의 잡념들이 하나둘씩 사라졌다. 무아지경이라는 단어를 처음 경험해보았다. 평소 같으면 누군가의 시선이 의식되어 혹은 나 스스로 어색해서 불가능한 일이었을 것이다(실제로 예전에 거울을 보면서 춤을 한번 춰본 적이 있다. 정말 못 봐주겠단 생각을 했었다). 하지만 그때의 나는 정형화된 내가 아닌 그냥 날 것의 한 생명체 같았다. 한바탕 부족의 의식처럼 춤판을 벌이고 나니 속이 후련했다. 그 타악기는 코브라를 불러내는 피리 소리처럼 내 안의 흥을 끄집어 내는 묘한 기운이 있었다.

활활 타던 모닥불의 불씨가 점점 작아지고 사람들이 하나둘 잠자리에 들기 시작했다. 스텝 중 한 명이 사람들에게 두꺼운 이불을 하나씩 나누어 주었다. 그 이불을 들고 마음에 드는 모래 위에 깔면 그곳이 오늘 나의 숙소이자 침대가 되었다. 우리도 모래 위에 이불을 깔고 누웠다. 낮 동안 데워진 모래는 아직 온기가 남아있었다.

허리를 펴고 눕자 눈 앞으로 황홀한 밤하늘이 펼쳐졌다. 사막에서의 밤하늘은 평면이 아니었다. 누워있는 나의 머리 위에도 발밑에도 고개를 돌려 본 지평선의 끝에도 별들이 빽빽한 밤하늘이 보였다.

우리는 오랫동안 잠들지 못했지만 서로 아무 말도 하지 않았다. 그저 눈을 감으면 이 환상적인 풍경이 보이지 않아서, 조금이라도 더 눈 속에 마음속에 담고 싶은 욕심에 말을 아꼈다. 저 광활한 우주에서 보면 나는 이 사막의 모래 한 톨의 존재 같겠구나. 모래 한 톨의 시야로 밤하늘을 바라보니 우주가 더 엄청나고 광대해 보였다. 언제 잠이 들었는지도 모르게 별 무늬 가득한 밤하늘 이불을 덮고 깊은 잠에 빠져들었다.

쌀쌀한 새벽 공기에 잠이 깨었다. 모래 위에서의 취침은 의외로 편안했다. 잠들기 직전까지 꿈만 같던 은하수를 바라보며 잠들어서 그런지 자는 내내 행복했다. 덮었던 이불을 걸치고 아침 식사로 화덕에 밀빵을 굽고 있는 스텝에게 다가갔다. 그는 전통차를 건네며 몸을 녹이라고 했다. 간단히 차와 빵으로 아침을 먹고 우리는 다시 낙타의 등 위에 올랐다.

사막을 빠져나올수록 왠지 모를 허전함이 마음을 가득 메웠다. 무언가를 두고 온 기분이 들었다. 무엇이었을까? 하지만 뒤돌아 보지 않았다.

식어버린 내 심장을 다시 달궈주기라도 할 듯 사막의 태양은 뜨겁게 이글거렸다. 왜 사막을 꿈꾸어 왔는지 알 수는 없지만 언젠가 꼭 아프리카의 뜨거운 모래바람을 맞아보리라 다짐했었다. 그때가 아마 내 사랑도 내 열정도 모두 식어버린 즈음이었던 걸로 기억한다.

그래서였을까. 나는 작열하는 태양이 싫지 않았다. 슬리퍼 끈 모양만 남기고 새까맣게 타버린 발을 보며 뿌듯했다. 검게 그을린 내 모습이 흡족했다. 이제야 내 속에 어떤 작은 불씨가 되살아나는 듯했다.

활활 타올라라. 청춘의 기름을 쏟아부어 줄 테니 오래도록 멋있게 타올라라. 진정 이 곳 아프리카 대륙은 내 열정을 다시 태워줄 분화구와 같은 곳이 틀림없을 것이란 믿음이 피어올랐다.

한참의 시간이 흘러 사막여행 사진을 찾아보면서 문득 무릎을 탁 치게 되는 순간이 있었다. 사막을 빠져나오며 느꼈던 허전함의 정체가 무엇이었는지 그제서야 알 것 같았다. 익숙함에 길들어 버린, 그래서 내가 훌훌 털어버리고 싶었던 나의 모습. 어쩌면 깊숙한 사막 한가운데 난 오래도록 가져오던 익숙한 그 무엇들을 다 버리고 왔을지도 모른다.

태양과 별과 모래만이 가득했던 사막에 가고 싶다.

사막이 아름다운 건 오아시스가 있기때문이야

"아직 자리가 남아있나요?"

마을 골목 어귀에 서 있는 루아지 운전석 창문을 두드리며 물었다. 루아지는 튀니지의 봉고 택시이다. 도시를 옮겨 다닐 때마다 유용하게 이용했었다. 출발시간도 도착지도 정해져 있지 않다. 그래서 오히려 더 자유롭게 이용이 가능했다. 작은 봉고차에 목적지의 방향이 같은 사람들로 가득 차면 기사는 시동을 걸었다.

나의 물음에 운전사는 뒷좌석에 타라는 손짓을 했다. 그러고는 금방이라도 우리를 깔아뭉개버릴 것만 같은 거대한 배낭 밑에서 탈출시켜주었다. 배낭을 건네고 나니 절로 어깨가 펼쳐졌다. 오랑우탄 같은 자세에서 사람과 흡사한 직립보행이 가능해졌다.

아침을 먹고 서둘러 호텔을 나선 뒤 루아지를 찾아 동네를 돌아다녔다. 우리의 목적지와 같은 곳으로 향하는 루아지는 직접 찾아 나서야 되었다. 루아지가 필요한 자, 구하라 그럼 얻을 것이다.

정류소에 정해진 행선지의 교통수단이 시간에 맞춰 딱딱 도착하는 시스템이 얼마나 편리한 것인지 새삼 느껴졌다. 우리는 때때로 여행지에서의 불편함을 통해 내가 가진 편리함의 가치를 깨닫는다.

낡고 작은 봉고차에 올랐다. 아랍계 남녀 두 명과 갈색 곱슬이 우아한 프랑스 남자 한 명이 타고 있었다. 봉고 안은 생각보다 좁았다. 맨 뒷자리에 나란히 앉은 뒤 봉고가 승객으로 차기를 기다렸다. 다행히 그리 오랜 시간 지나지 않아 차가 움직이기 시작했다.

우리가 탄 루아지는 두즈 시내를 벗어나 끝없는 평야 위를 질주하였다. 흙먼지 가득한 길 위엔 올리브 나무와 오렌지 나무들이 이어졌다. 푸르디푸른 하늘 위엔 뭉게뭉게 구름들이 여유롭게 떠 있었다. 아름다운 풍경이었다. 화려하지도 않고 특별할 것도 없는 이 평화롭고 목가적인 장면들은 편안하고 잔잔한 감동을 전해주었다.

편안함은 늘 잠을 부르는 법. 어느새 침인지 땀인지 구분이 가지 않는 축축한 액체가 떨어지는 게 느껴져 정신을 차렸다. 미세한 흔들림과 반복되는 화면들이 또 나를 꿈나라로 인도한 듯했다.

기온은 40도가 넘었고 실제 체감 온도는 그 이상이었다. 대부분의 루아지는 낡은 봉고로 에어컨 없거나 고장이 난 경우가 대부분이었다. 에어컨 바람도 없이 다닥다닥 붙어 앉아 장시간 이동해야 하는 여정은 육체적으로도 정신적으로도 고됨이 느껴졌다.

나와 함께 여행을 자주 가는 친구들은 나중에 여행사를 하나 차리라고 했다. 그러면서 여행사 이름은 딱 맞는 것이 있다며 지어 주었는데 바로 'GGS 여행사.' '음.. 어감도 나쁘지 않은데?' 하며 뜻을 물었더니 '개고생'의 이니셜을 따서 'GGS 여행사'란다.

이상하게 내가 주도한 여행만 따라나섰다 하면 쉬이 잊기 힘든 극기의 상황과 황당한 사건들이 가득하다 했다. 집 나서면 개고생이라는 말을 체감시켜주는 여행이라 했다. 대신 그래도 그 어떤 여행보다 기억에는 젤 남는다며 욕인 듯 칭찬인 듯 묘한 평을 해주었다.

사서 고생을 선호하는 편은 아니지만 끝이 훤히 보이는 뻔한 여행은 재미가 없다. 조금은 무모한 도전과 시도를 좋아하는 탓에 뜻하지 않은 개고생 여행 전문가가 되어버린 거다.

턱 막히는 숨을 내뱉고자 창문을 살짝 열었다. 순간 훅하고 뜨거운 바람이 얼굴에 들이닥쳤다. 데워진 공기는 뜨거웠다. 깜짝 놀라 다시 창문을 닫고 멍하니 더위를 온몸으로 느꼈다. '그래 뭐 일부러 사우나도 하는데, 게다가 안 더우면 이상한 아프리카 대륙이지 않은가.'

엉덩이는 땀으로 젖다 못해 녹아내려 의자에 붙어버린 것만 같았다. 저 멀리 시내가 보였다. 분명 건물들이 모여있는 도시였다. 신기루를 본 것은 아니겠지? 눈에 힘을 주고 초점을 맞추자 음식점과 카페들이 눈앞에 펼쳐졌다.

"아저씨! 저희 그냥 여기서 내릴게요! 플리즈~"

끝에 플리즈를 붙이지 않으면 이대로 이 도시를 지나 또 끝없는 평야로 우리를 데려가 버릴 것만 같았다. 힘주어 플리즈를 외치며 가까스로 루아지를 도시 한복판에 세웠다. 루아지는 도시의 도로 한편에서 우리를 내뱉었다. '우두둑, 우두둑' 구겨 넣었던 몸을 펴자 제 맘대로 흩어져있던 뼈가 제자리로 맞춰지는 소리가 났다. 땀으로 푹 절어버린 우리에게 아가씨들에게선 맡기 힘든 오묘한 구린내가 진동을 했다.

원래 오늘 우리의 목표는 엘젬 원형 경기장을 보기 위해 수스까지 가는 것이었다. 하지만 그 찜솥 같은 루아지를 타고 수스까지 한 방에 간다는 것이 얼마나 의욕만 충만한 무모한 여행자의 발상이었는지 알게 되었다.

여기가 어디지? 살고 봐야겠기에 일단 내리긴 했는데 우리가 어디서 내린 줄도 모르고 낯선 도시 한복판에서 길을 잃고 섰다. 지나가는 행인에게 지도를 보여주며 알아낸 현재의 위치는 '스팍스'라는 곳이었다. 여행을 준비하며 들어보지도 못한 생소한 도시. 뒤늦게 알게 된 바로는 스팍스가 우리나라로 치면 전라도 어디쯤 해당되는 바다를 끼고 있는 도시라는 것이었다.

이미 지친 몸으로 숙소를 알아보러 다니는 것이 힘겨웠다. 그냥 느낌이 오는 호텔 한 군데를 찍어서 들어갔고 바로 체크인을 했다. 시원한 물에 샤워를 하고 침대에 몸을 펼쳤다. 평범하고 사소한 이 행동에 행복감이 밀려왔다. 행복은 멀리 있지 않다는 오래된 이 문구에 절로 고개가 끄덕여지는 순간이었다.

배낭 속에 쉰내를 풍기며 구겨져 있던 옷을 빨아 테라스로 나갔다. 운동장 만한 넓은 옥상 테라스가 눈이 부시게 하얀 벽을 두르고 있었다. 뜨겁게 내리쬐는 햇볕 아래 빨래를 탈탈 털어 줄지어 널었다. 개운했다.

해가 진 뒤 이 도시를 구경하기 위해 바닷가로 걸어 나갔다. 바닷길을 따라 음식점들이 즐비해있고 여유로운 저녁을 즐기러 나온 그곳의 사람들의 표정에는 활기가 넘쳤다.

스팍스는 사막에서 만난 오아시스 같은 곳이었다. 어린 왕자는 사막이 아름다운 이유는 오아시스가 있기 때문이라고 했다. 바로 이런 여행이 내게는 오아시스였다. 뜻하지 않게 만난 소소한 행복에 미소 짓는 것. 인생을 더 아름답고 풍성하게 꾸며 줄 나만의 오아시스가 있어 참 다행이다. 비록 이번 여행도 개고생을 면치 못했지만 내겐 또 하나의 오아시스를 찾아낸 더할 나위 없이 멋지고 완벽한 여행이었다.

강제적이고 행복한 시에스타

시곗바늘은 열 한시를 가리키고 있었다. 아침을 대충 챙겨 먹고 사막 투어를 예약하기 위해 여행사를 몇 군데 둘러볼 작정으로 호텔을 나선 지 두 시간째.

간판에 영어로 '엄마의 손맛'이란 문구를 내건 조그만 식당에 들어가 올리브 내음 가득한 튀니지언 샐러드와 바게트를 시켜 먹었다. 그 후 다섯 군데의 여행사를 둘러보며 사막 투어 가격 흥정 끝에 예약을 마쳤다.

투어는 늘 일몰 즈음에 시작되기 때문에 그때까지 사막 위에 지어진 이 도시를 샅샅이 둘러볼 계획이었다. 하지만 무슨 영문인지 아침에 문을 열었던 가게들마저도 문을 닫아버리고 드문드문 보이던 도로 위의 사람들도 하나둘 어디론가 숨어버렸다. 더 이상 둘러볼 마땅한 곳도 없는 데다 점점 더 끓어

HOTEL

오르기 시작한 후끈한 공기는 이내 조그마한 마을을 화롯불에 올려놓은 듯 뜨겁게 달궈지고 있었다. 그새 더위에 지쳐버린 우리는 하는 수없이 호텔로 돌아와야 했다. 미적지근한 쉿물에 몸을 적시고 에어컨을 틀고 누웠다.

익숙하지가 않았다. 직장 때문에 단기여행밖에 할 수 없는 나로서는 하루를 누구보다도 빡빡하고 바쁘게 움직였었다. 그것이 효율적이고도 현명한 여행이라 생각했다. 부지런히 돌아다니는 것 자체가 나에겐 쉼이라 여기며 합리화를 시켰었다. 평소에는 인지하지 못하고 살아오던 시간의 속도가 여행을 오면 너무도 생생하게 흘러간다. 여행지에서 주어진 시간들이 빠듯하게만 느껴진다. 그래서 항상 시간에 쫓기는 여행을 해왔던 나였다.

이 백주대낮에 여느 여행이었다면 지도를 들고 열심히 낯선 골목을 헤매고 있어야만 했다. 그야말로 집중 활동시간에 이렇게 호텔에 틀어박혀 누워있어야 한다는 사실이 내겐 생소하고 낯설었다.

호텔 안은 너무 고요했다. 햇빛에 떠다니는 먼지의 움직임이 들릴 정도로 적막했다. 창문을 열어 창밖을 내다보니 사람은 물론 게으른 몸짓으로 돌아다니던 개마저 보이지 않았다.

마치 어릴 적 즐겨 보던 '이상한 나라의 폴'에 나오는 정지된 세상과 같은 느낌... 호텔 방안에 있는 나를 빼곤 세상의 시간이 멈춰버린 듯했다.

침대에 누워 눈을 감고 고요함을 음미했다. 지금 이 순간 내가 진정한 휴가를 누리고 있음에 의심의 여지가 없었다. 그동안 그토록 바삐 헤매던 그 시간들을 보상이라도 받는 듯 나는 사막 한가운데 지어진 호텔에 누워 평화롭고 강제적인 시에스타를 경험하였다.

일어날 일은 일어나고야 만다

'세상에 일어나는 모든 일은 서로 상호작용을 한다.'

언젠가 본 영화에서 나온 인상 깊은 대사이다. 지금 내게 일어나고 있는 모든 사건이 나와는 아무 상관없어 보이는 누군가에게 일어난 어떤 사건과 깊게 연관되어 있다는 것.

여행은 이 신비한 법칙이 나에게 어떤 변화를 가져다주었는지 체험하게 했다.

여행 중에 나는 집에 연락을 거의 하지 않는 편이다. 작은 일에도 소스라치게 놀라는 엄마에게 괜한 상상력을 더 해 줄 필요가 없다고 생각하기 때문이다. 항상 집을 나설 때 나에게 무슨 일이 있으면 해외 뉴스에 나올 테니 혹시 연락이 없더라도 너무 걱정하지 마시라고 안심시킨다.

그 당시 같이 여행하던 선배 둘이 공중전화부스에 들어가 한국으로 안부 전화를 하고 있었다. 나는 부스 밖에서 쪼그려 앉아있다 너무 지루해 하품을 수없이 반복했다. 무슨 수다가 저리도 심한지 혀를 끌끌 찼다. 그래도 그들은 나오지를 않았다. 기다림에 지친 나도 옆 부스로 들어가 수화기를 들고 집 전화번호를 눌렀다.

"여보세요? 민아! 당장 한국 돌아오는 비행기표 알아봐라. 이틀 남았다. 꼭 모레까진 한국에 들어와야 한다!"

전화 연결이 되자마자 엄마의 다급한 목소리가 들렸다. 여행을 떠나오기 전 쳐놓았던 취직 시험에 합격을 했는데 각종 서류를 내야 하는 기한이 딱 이틀 남았다는 것이었다. 본인이 아니면 뗄 수 없는 그 서류는 기간 안에 제출하지 않으면 합격이 취소된다고 했다.

2003년 그때는 스마트폰이라는 신박한 물건이 없던 때였다. 여행지에서 산 엽서에 air mail이라는 도장을 쾅 찍어 국제우편을 보내 나의 안부를 전했다. 그 엽서는 때론 내가 귀국하고 며칠 뒤에 도착해 "엄마, 저 여행 잘하고 있으니 걱정 마세요"란 메세지를 전하며 뒷북을 치기도 했다. 그런 상황이니 내 행선지를 전혀 알지 못하는 엄마는 얼마나 마음을 졸였을까? 내가 전화를 받자마자 20년 전 잃어버린 딸을 되찾은 듯한 목소리로 내 이름을 불렀다.

전화를 끊자 하~하고 한숨이 절로 나왔다. 오픈티켓이 아니고 귀국일을 정해놓은 할인 항공권이었기에 이걸 어디서 어떻게 바꿔야 할지 막막했다. 아직 몇 번 쓰지도 않은 비싼 유레일 패스도 본전 생각에 너무 아까웠다. 무엇보다 이틀 내로 한국에 도착할 수 있을지 자신이 없었다.

어떻게 준비한 여행인데, 일정의 반의 반도 지나지 않아 이렇게 강제귀국을 해야만 하다니. 그간의 노력과 기대들이 허무하게 흩어져갔다.

오스트리아에선 한국행 비행기 티켓을 당장 구하는 것이 힘들었다. 급히 독일 프랑크푸르트로 달려갔다. 하지만 아무런 정보도 없는 내가 복잡한 프랑크푸르트의 타이항공 사무실을 찾는다는 건 정말 말 그대로 서울에서 김서방 찾기나 다름없었다. 지나가는 사람을 붙잡고 타이항공이 어디 있는지 아느냐고 무턱대고 물었다. 인포메이션 센터에 들어가서 도움을 청했지만 별 수 없었다.

마음은 조급해 오는데 어떻게 해야할 지 몰랐다. 머나먼 타국에서 길 잃은 한 마리 양이 된 꼴이었다. 어깨에 메고 있던 배낭의 무게만큼 마음도 짓눌렸다.

울어버렸다. 그 자리에 털썩 주저앉아 그냥 막 울었다.
시내 중심가의 어떤 광장이었던 걸로 기억한다. 눈물 너머로 행복한 일상을 보내는 사람들이 비쳤다.
그때 어디선가 바이올린 소리가 들렸다. 거리에서 버스킹을 하는 악사였다. 울고 있는 내게로 천천히 다가오더니 주변을 돌면서 구슬픈 멜로디를 연주했다.
안 그래도 타지에서 혼자 서러워 죽겠는데 이렇게 생생한 라이브로 BGM까지 깔아주니 무대 위 핀 조명 아래 철퍼덕 주저앉아있는 비련의 여주인공이 따로 없었다.

감정을 추스르고 고개를 들어보았다. 지나가던 사람들은 의아한 눈빛으로 나를 한 번씩 훔쳐보며 지나갔다. 그제야 엄습하는 부끄러움에 나는 정신을 차리고 배낭을 챙겨 다시 걷기 시작했다. 한두 시간 헤맨 끝에 한 친절한 프랑스 아줌마의 도움으로 겨우 타이항공 지점을 찾았다. 내가 말을 건 사람 중 유일하게 영어로 친절히 답변을 해 준 사람이었다. 이 사건이 있기 전까지 사실 파란 눈에 노랑머리 서양인은 모두 영어를 잘하는 줄 알았다. 편견이었다.

극적으로 찾아간 타이항공 사무실에서 나는 반드시 내일 출발하는 한국행 비행기를 타야 한다고 떼를 썼다. 난색을 표하던 직원은 배가 봉긋 나오고 머리숱이 적은 과장급 정도 되는 상사를 불렀다. 그는 자초지종을 들은 후 사정은 안됐지만 지금 당장 답변은 어렵다고 했다. 한국쪽으로 연락해 알아 볼테니 내일 아침에 다시 오라는 말만 남긴 채 사라져 버렸다.

더 이상 떼를 쓴다고 될 것 같지도 않았다. 그 후의 일은 하늘에 그냥 맡겨보기로 하고 발길을 돌렸다. 24 시간 동안 물 한 모금 못 마시고 애를 태웠다. 근처 대형 마트에서 간단히 먹을 것을 사 들고 숙소를 찾아 들어갔다.

다음 날 아침 근무시간이 시작되기도 전에 나는 마치 빚 받으러 온 빚쟁이처럼 입구 계단에 배낭을 풀고 앉았다. 어제 얼마나 소란을 피웠던 지 출근하던 직원들이 '나 너 알아' 하는 표정으로 반갑게 아침인사를 건네주었다.

업무가 시작되었다. 팩스 위 종이를 확인 한 직원이 나를 보며 환하게 웃으며 축하한다는 말을 던졌다. 그리고 새로 발권

한 티켓을 건네주며 오전 11시 비행기니 서둘러 공항으로 가야 한다고 말했다.

기쁨과 안도에 몸이 용수철처럼 솟구쳐 오를 뻔했다. 손에 당첨 로또라도 든 것 마냥 기쁨을 감추지 못하고 공항으로 달려갔다. 한국행 비행기에 무사히 탑승하였다. 이틀간 긴장으로 굳어있던 몸을 의자에 기대었다. 눈을 감자마자 언제 잠이 들었는지도 모르게 깊게 잠들어 버렸다. 평소 기내식이라면 자다가도 식판을 펼치던 나는 두 번의 식사를 모두 걸렀다. 도착 삼십 분 정도 남았을 때쯤 눈을 떴다. 비행기는 이내 익숙한 한국 하늘 위를 날고 있었다.

그리고 그날 서류접수 마감을 십분남짓 남겨두고 극적으로 접수에 성공하였다. 이 사건의 결말은 지금 내가 살고 있는 직장인의 삶이다.

만약 그때 그 선배들이 집에 전화를 하지 않았더라면 혹은 거리에서 내게 결정적으로 길을 가르쳐준 그 프랑스 아줌마를 만나지 못했더라면, 티켓 일정 변경 승인이 나지 않았더라면 그 어떤 작은 사건 하나라도 어긋났더라면 나는 지금의 내 모습으로 살아갈 수 있었을까? 생각지도 못한 의외의 삶을 살고 있을지도 모를 일이다.

오늘 내게 일어난 사소하고 수많은 사건들. 모든 것이 서로 유기적으로 연관이 되어 하루하루를 만들어간다. 또 그 하루들이 모여 내 인생이 완성된다. 내가 받아 든 인생 각본은 나 혼자만이 아닌 세상 어딘가에 있을 누군가의 인생과 얽히고 얽혀 만들어진다는 것이 마치 무대 위 연극 같다.

여행은 내게 아무리 바꾸려고 바둥거려도 순리대로 흘러갈 것은 그리 되고야 만다는 것을 말해주었다. 그러니 너무 애태우거나 걱정하지 말라고 일러주었다. 내가 할 수 있는 일은 최선을 다하고 불가능한 일은 그대로 흘러가게 한 발 뒤로 물러나 초연해지라고 했다.

어차피 일어날 일은 꼭 일어나고야 마는 법이니까.

청정의 땅 뉴질랜드, 캠핑카를 타고 누비다

"당신이 머무르는 그곳이 오늘의 숙소! 아름다운 대자연이 살아 숨 쉬는 뉴질랜드를 캠핑카를 타고 자유롭게 떠나보세요!"

인터넷 블로그에서 이 문구를 보자마자 가슴이 쿵쾅거렸다. 캠핑카 여행은 늘 마음속에 꿈만 꾸어오던, 그러니까 왠지 이루기 힘들어 마치 남의 일만 같은 그런 것이었다. 목적지도 숙소도 무엇하나 틀에 박히거나 정해진 것 없이 무작정 떠나는 자유여행의 끝판왕이라 할 수 있는 캠핑카 여행을 늘 동경해 왔었다.

지금이야 '캠핑카 여행'이라고 검색하면 여러 여행사들과 정보들이 넘쳐나지만 십오 년 전 그때는 일반인들에게 낯설고도 생소하기만 한 여행 방식이었다.

캠핑카 여행사라고는 눈을 씻고 찾아보기가 힘든 그 시절. 우연히 블로그에서 뉴질랜드 캠핑카에 관한 문구를 발견한 것은 마치 운명이자 숙명이요 거역할 수 없는 극적 만남이라 혼자 들떠서 의미를 부여하였다.

어렵게 블로그에 글쓴이와 연락이 닿고 그 분의 도움을 받아 이루기 어려울 것만 같았던 캠핑카 여행이 실현되었다. 6인용 캠핑카를 렌트할 예정이었기에 먼저 함께 할 멤버를 모으고 루트를 대략적으로 짜고 지역 정보를 모았다. 그 와중에 가장 큰 문제와 마주하게 되었으니 그것은 다름 아닌 커다란 캠핑카 운전을 할 사람이 마땅치 않았다는 것이었다.

6인용 캠핑카는 거의 트럭 정도에 맞먹는 크기였다. 게다가 뉴질랜드에서 운전석은 우리나라와 정반대. 설상가상으로 6인용 캠핑카는 수동밖에 렌트가 안된다고 했다.

함께 할 멤버 중 1종 운전면허를 가진 사람은 나뿐이었다. 나중에 노후에 할 일이 없으면 배추나 팔러 다닐 마음으로 1종 운전면허를 일단 따 놓긴 했다. 하지만 그 사이에 트럭이나 스틱 자동차를 몰아 볼 기회가 전혀 없었기에 나도 썩 믿을만한 멤버는 아니었다.

서로 바라만 봐도 유쾌한 여자 넷이 모이긴 했지만 캠핑카 여행을 하기엔 무언가 아쉽고 부족했다. 우리에겐 듬직하고도 친절한 머슴, 아.. 아니 좋게 말해 보호자와 같은 운전기사가 필요했다. 순하디 순하고 착하디 착한 동갑내기 남자 사람 친구에게 우리와 함께 모험을 떠나 줄 것을 제안하자 그는 일초의 망설임도 없이 "그래!"라고 대답해주었다.

출발까지 두 달 남짓 남았기에 틈날 때마다 운전 연습을 해 두라고 신신당부하였다. 여행 내내 혼자서 운전을 하기엔 무리가 있었기에 나 또한 서브 운전자로 준비를 해야만 했다. 하지만 연습은 생각처럼 자주 하기 힘들었고 고작 네다섯 번 정도 수동 트럭을 몰아 본 실력으로 뉴질랜드로 날아갔다. 역시 20대는 무서울 게 없는, 정작 그들의 패기는 때때로 무모해서 무서운 그런 존재이다.

떠날 결심을 한 뒤 일사천리로 준비했던 '뉴질랜드 캠핑카' 여행이 드디어 시작되었다.
뉴질랜드 날씨는 사람을 설레게 만드는 재주가 있었다. 쾌청한 하늘과 시원한 바람, 자유와 여유가 둥둥 떠다니는 것만 같은 맑은 공기. 우리는 커다란 캠핑카를 타고 뉴질랜드 남섬을 누비고 다녔다.

대자연의 품에 안겨 행복한 전진을 이어나갔다. 끝도 없이 뻗어있는 길 위에 우리의 캠핑카가 거침없이 달려 나갔다. 하루 종일 정처 없이 지도를 보며 돌아다니다 해가 질 무렵이면 주차를 하고 차에서 식사를 했다. 그리곤 밤이 깊어지도록 떠들고 놀았다.

짠하며 부딪힌 우리의 술병 속엔 멈추지 않고 끓어오르는 젊음이 가득했다. 20대라는 아름다운 나날들에 취해 여행이라는 낭만에 취해 아름다운 우리의 밤은 샛별처럼 빛나고 화려하게 타들어갔다.

무슨 일에든 다 때가 있는 법이라고들 한다. 바로 지금이 내 청춘을 아낌없이 소비하고 즐길 때라고 생각했다. 마주하고 있는 이가 웃어주는 기쁨, 원하는 장소에 발길 머무를 수 있는 자유. 이 소소한 행복들은 몽글몽글 기쁨이 되어 마음속을 가득 메웠다.

캠핑카 안에서 따뜻하게 새어 나오는 노란 불빛과 도란도란 우리들의 이야기는 쌀쌀한 늦가을 저녁을 훈훈하게 데워주었다. 세간 실은 우리의 캠핑카는 내일 또 정처 없이 시원스레 뻗은 도로 위를 달릴 것이다. 공간과 시간에 얽매이지 않는 자유여행. 이 여행은 어딘가 불완전한 우리 모습과 닮아있었다. 완전하지 않음에 그 가능성이 더 매력적인 우리의 젊음과 닮아있었다.

여행 중 서툰 운전으로 주차되어있던 남의 차 옆구리를 시원하게 긁어먹기도 했고 체력적으로 힘이 들어 입술이 소보루 빵 껍질처럼 부르트고 몸살도 났었다. 길을 잘 못 들어 반나절을 꼬불꼬불 길을 헤맨 적도 적지 않다. 이 모든 착오와 실수에도 불구하고 캠핑카 여행은 더할 나위 없이 좋았다.

시도하지 않았다면 얻지 못했을 것이다. 이 모든 감정과 경험과 추억들을. 돌아오는 비행기 안에서 나는 몸살 약을 입안에 털어 넣으며 잠을 청했다. 그리곤 혼자 미소 지으며 생각했다.

'도전하길 참 잘했다!!'

불편함이 준 작은 행복

보통의 사람들처럼 나도 때깔 좋은 5성급 호텔을 좋아한다. 로비에만 들어서도 반질반질 윤이 나는 대리석과 동남아스러운 꽃냄새가 절로 힐링이 되는 듯하다.

그런 내가 캄보디아 여행 중, 홈스테이로 운영되는 가정집에 하룻밤을 묵기로 했다. 딱히 이유는 없다. 고급 호텔에서 누리는 호사와 맞바꿀 무언가가 있을 것만 같다는 근거 없는 기대감 때문이라고나 할까?

씨엠립 시내를 벗어난 툭툭이는 울퉁불퉁 흙길 위를 덜컹거리며 달렸다. 그 위에서 우리는 꿀잠을 잤다. 머리를 쇠 난간에 툭툭 부딪혀가며 열심히 헤드뱅잉을 했다. 시원하게 불어오는 바람과 적당한 흔들거림은 마치 요람 같았다. 가끔은 밖으로 튕겨 나가 버릴 정도의 충격으로 화들짝 놀라 잠을 깨긴 했지만 다시 언제 그랬냐는 듯 잠에 빠져들었다.

아슬아슬한 요람 위에서 숙면을 마치고 눈을 떠보니 캄보디아 전통가옥들이 눈 앞을 스쳐 지나갔다. 전통가옥이라 표현했지만 그냥 하늘을 가릴 정도의 지붕만 덩그러니 얹힌 판자집들이었다. 아기돼지 삼 형제에 나오는 늑대가 후~하고 불면 와장창 다 날아 가 버릴 것만 같은 허술한 가옥이었다.

'설마 우리가 묵을 숙소가 저런 서민형 주택 체험은 아닐 테지.'

그동안의 여행 중 최악의 숙소를 여럿 경험해본 나로서는 왠지 모를 불안감이 엄습해왔다.

하지만 다행히 툭툭이가 멈춘 곳은 마을과 조금 떨어진 곳에 위치한 그나마 벽과 지붕과 창문 등 기본적인 가옥 요건은 갖추고 있는 곳이었다. 주변에 이웃도 없이 덩그러니 단칸짜리 집 세 채가 줄 서 있었다. 배경은 단출했다. 하늘, 평야 그리고 집.

아이의 손을 잡고 나온 주인은 우리를 반갑게 맞아주었다. 작고 다부진 인상의 아주머니는 옆동네 순이처럼 순박하게 웃어주었다.

주인아주머니에게는 9살 아들과 5살 딸아이가 있었다. 그들은 잦은 이방인의 방문에 익숙한 듯 우리에게 눈길 한번 주지 않고 조용히 놀고 있었다.

집에 두고 온 두 딸 생각이 났다. 딱 내 딸의 또래인 아이들에게 다가가 말을 걸었다.

"이름은 뭐니?" "몇 살이야?" "학교는 다니니?"

들릴 듯 말 듯 한 목소리로 대답하는 아이들에게 나는 집요하게 붙어서 말을 걸었다. 두 딸을 집에 두고 함께 여행 오지 못한 엄마의 아쉬운 마음 때문이었을 것이다.

홈스테이 예약할 당시 이곳에 아이들이 있다는 정보를 미리 듣게 되었었다. 그래서 나의 두 딸들에게 캄보디아에 있는 친구들을 위해 장난감을 골라 담아 달라고 부탁했다. 아이들은 늘 옆구리에 끼고 다녔던, 하지만 지금은 애정이 식어버려 외롭게 상자 안에 갇혀있는 인형과 장난감을 선뜻 내어주었다. 그 인형들은 며칠 동안 캐리어 속에 웅크리고 있다 머나먼 곳의 새로운 주인에게 전해졌다.

흙만이 유일한 장난감이던 두 아이들은 우리가 건넨 장난감을 받아 들자 꽃처럼 활짝 웃었다. 정말 꽃이 활짝 피듯 웃었다. 아이들은 나의 딸들이 그랬듯이 인형을 옆구리에 끼고 종일 함께 했다.

그곳은 정말 할 거리라곤 없는 곳이었다. 아이들을 따라 잠시 마을 구경을 다녀왔지만 그것도 30분이면 끝이 나버렸다. 방 앞에 걸린 해먹에 누워 하늘만 하릴없이 바라보았다. TV도 라디오도 와이파이도 없었다. 세상은 조용했고 내 마음도 고요해졌다.

저녁은 주인아주머니가 직접 캄보디아 가정식으로 준비해 주었다. 주변에 건물이 없으니 사방으로 펼쳐진 평야를 배경으로 마당에 멋진 식탁이 차려졌다. 돼지고기와 청경채 볶음 그리고 고기를 넣고 끓인 담백한 국물요리가 나왔다. 즉석으로 차려진 야외식탁이라 조명은 없었다. 한 손에는 핸드폰 불빛을 높게 쳐들고 나머지 한 손으론 열심히 음식을 입으로 날랐다. 그다지 우아한 포즈의 저녁식사는 아니었지만 음식 맛 하나는 정말 엄지 척하게 만드는 솜씨였다.

할 일이 없으니 일찍 잠자리에 들었다. 에어컨은 당연히 없었다. 천장의 선풍기 바람은 모기장을 뚫고 시원함을 전달할 만큼 세지가 못했다. 후덥지근함에 잠을 설치며 방 밖으로 나

왔다. 사방이 칠흑 속에 갇혀있고 적막했다. 방 앞 테라스에 놓인 의자에 앉았다. 집을 지키는 커다란 개가 내 발밑에 와 자리를 잡고 잠을 청했다. 고요한 밤이 소리 없이 흘렀다.

다음 날 아침을 먹고 마당에서 설거지를 하고 있는 주인아주머니 옆에 앉았다. 수돗가에 퍼질러 앉아 아줌마 수다를 떨었다.

"나도 8살, 5살 두 딸이 있어요. 근데 당신의 아이들은 하루 종일 장난감도 없이 참 잘 노네요. 심심하다고 하지 않나요?"

사실 우리 집 두 귀한 아씨들은 늘 새로운 장난감과 신나는 놀거리가 제공되지 않으면 왜 이리 인생 재미없냐는 표정과 말투로 징징거리기 일쑤였다. 나의 질문에 아주머니는 평화롭게 웃으며 이렇게 답했다.

"주위가 온통 아이들의 놀 거리잖아요. 넓은 마당과 흙과 나무들. 이것들이 아이들의 장난감이에요."

풍요로움 속에서 만족할 줄 모르고 사는 '요즘의 아이들'을 키우고 있는 엄마로서 반성이 되었다. 부족함은 감사함을 알게 하고 부족할수록 새로운 것을 만들어내는 창의성을 이끌어낸다. 이 사실을 잘 알면서도 나는 아이들에게 더 많은 것을 손에 쥐어주려고만 했던 엄마였다.

현지인의 가정에서 하룻밤을 보낸다는 것은 여행자에게 환상이자 로망이기도 하다. 관광객이 아닌 여행자로 인정받는 느낌이다. 캄보디아의 그 모든 숙소 중에 이곳을 가장 손꼽아 기대했던 이유도 그 때문이다.

5성급 호텔의 편리함을 마다하고 불편한 시골로 들어와 보냈던 하룻밤. 왠지 여기서의 하룻밤으로 여행의 맛이 더 깊어진 것 같은 기분이다.

푹푹 찌는 듯한 더위를 식혀줄 에어컨 바람도 없고, 곤충도감에 나오는 온갖 희귀한 벌레들이 기어 다니는 숙소. 평화롭다 못해 심심해 돌아버릴 것 같은 지루함. 이 모든 것을 감안하고도 재방문 의사를 불러일으키는 곳.

불편함이 주는 작은 행복을 느낄 수 있게 해 준 이곳이 나는 참 마음에 들었다.

인도여행 팁

보딩시간은 다가오는데 함께 가기로 한 선배의 모습이 보이지 않았다. 수화기 너머로 다급하게 지금 가고 있다는 말만 돌아올 뿐 우리가 할 수 있는 건 그저 초조한 마음을 부여잡고 발을 동동 구르는 것 밖이었다.

P와 나는 인도여행을 준비하면서 유비무환의 태세로 갖가지 준비를 해두었다. 하지만 무언가 불안하고 찜찜한 마음을 지울 수가 없었다. 그러던 와중 한 대학 선배와 전화통화를 하면서 인도여행을 함께 하자는 제안을 했고 그 남자 선배는 흔쾌히 오케이를 해주었다. 그제서야 뭔가 다 준비된 것 같은 기분이 들었다. 아마도 우리가 빠뜨렸다고 느낀 것이 낯설고 조금은 위험할 수도 있는 여행지에 대한 불안함을 잠재워 줄 '안심' 이었던 것 같다.

하지만 우리의 안심을 담당했던 그는 몇 분 차이로 인도행 비행기를 놓쳐버렸다.

오후 1시, 우리는 안심 대신 불안함을 옆자리에 앉히고 결국 뉴델리를 향해 날아올랐다. P와 나는 괜찮을 거라는 말을 내뱉었지만 서로의 흔들리는 동공은 숨길 수가 없었다.

인도.

어떤 이는 여행의 마지막 종착지로 인도를 꼽는다. 그만큼 여행 고수들만이 제대로 접근할 수 있는 호락 하지 않은 여행지라는 뜻일거다. 그래서일까? 델리를 향하는 나의 표정에는 긴장감을 넘어서 비장함까지 엿보였다.

불확실함은 항상 불안을 더 야기시킨다. 그래서 뉴델리에 내려 이동할 수단과 당장 오늘 밤 숙소를 정해놓기 위해 여행자의 필수품 가이드북을 찾았다.

분명! 가방에 넣었는데 이 책이 당췌 숨바꼭질을 하며 보이질 않았다. P에게 가이드북의 행방을 묻자 어리둥절한 표정으로 날 쳐다본다.

비!상!사!태!

그제서야 버스에 가이드북을 두고 내려버린 어이없는 우리

의 실수를 알아챘다. 전쟁터에 나가는 군인이 총을 두고 간다면 이런 기분일까? 스마트폰이 없었던 그시절 가이드북은 길을 안내하는 구글맵이자 정보통 네이버와 같은 필수품이었다.

비행기가 인도대륙에 가까워질수록 막막한 심정이 창밖의 구름처럼 마음을 뒤덮었다.

공항에 두 발을 내딛자 당장 현실적인 문제가 우리를 마중나와 있었다. 숙소문제는 둘째치고 공항에서 어디를 가야하는지 고장 난 나침반처럼 갈 곳을 몰라 갈팡질팡하는 신세가 되어버렸다.

하지만 다행스럽게도 여행은 늘 뜻하지 않은 만남을 이루게 하고 계획하지 않았던 길을 보여주기도 하지 않던가. 마침 두꺼운 가이드북을 종류별로 들고 있는 한국인 여행객의 도움으로 '빠하르간지'라는 여행자 거리로 함께 택시를 타고 공항을 빠져나올 수 있게 되었다. 그것도 아주 합리적인 택시가격흥정과 함께.

그 이후 우리의 인도 여정이 궁금하다면 한 마디로 이렇게 답할 수 있겠다.

“내가 인도에서 본 거라고는 엄청난 인파와 정신없는 거리와 더러운 시장이에요.”

숙소, 식당, 기차역 등 이에 대한 아무런 사전 정보도 없이 말 그대로 무식하고 용감하게 닥치는 대로 다녔다. 눈에 보이는 숙소에 들어가 흥정을 하고 길거리에 보이는 먹음직스러운 음식으로 배를 채웠으며 현지인들이 추천하는 장소를 찾아 다니며 그들과 친구가 되었다.

비록 남들이 다 본다는 유명한 건축물과 유적지는 놓쳤지만 가이드북에선 눈씻고도 찾아볼 수 없는 인도인 생활의 속살을 보았다. 여행카페에서 이곳만은 놓치지 말자고 강조하던 맛집의 음식은 먹어보지 못했지만 시장에서 파리 500마리와 함께 앉아 마신 바나나 라씨 맛은 그 어떤 유명한 라씨 가게에서 먹는 것보다 잊을 수 없는 청량함과 시원함을 맛보여주었다.

만약 다시 인도를 여행하게 된다면 그때도 난 가이드북은 버스에 남겨둔 채 비행기에 오를 것 같다. 그것이 바로 인도다운 인도를 만나고 올 수 있는 아주 중요한 여행 팁이라는 것을 이미 알고 있으니까 말이다.

우리는 스위스로 간다!!

결혼 전 한 번은 엄마, 아빠와 배낭여행을 가보고 싶었다.

어릴 적 내 눈에 부모님은 줄곧 젊지도 늙지도 않은 모습이었다. 그렇게 그 모습 그대로 변하지 않을 줄 알았다. 엄마가 나를 낳았던 나이에 들어서 보니 부모님이 이제 조금씩 세월을 따라 늙어가고 있음이 눈에 들어왔다. 부모님은 더 이상 아줌마, 아저씨가 아니었다. 노인이라는 새 이름표를 슬슬 달 때가 되신 거다.

그래서 더 마음이 초조해졌다. 한 해 두 해 미루다간 너무 늦어버릴 것만 같아서 서둘러 여행을 준비했다. 부모님은 그동안 여행을 종종 다니셨지만 우리나라 대부분의 엄마, 아빠가 그러하듯 여행사 가이드의 깃발만 부지런히 따라다니며 관광 위주의 코스를 도는 일정이 많았다.

보고 싶은 것만 찾아다니고 마음 내키는 곳에서 맛있는 것을 사 먹고 그러다 또 쉬고 싶으면 쉬는 진정한 여유를 맛볼 수 있는 제대로 된 여행을 하게 해드리고 싶었다.

길가의 작은 들꽃에도 감동하는 소녀 감성 충만한 엄마를 위해 자연이 아름다운 스위스로 여행지를 정했다. 우리는 각자의 큰 짐을 하나씩 메고 끌며 행복한 여행길에 올랐다.

엄마는 틈만 나면 부지런히 수첩에 메모를 하셨다. 레스토랑에서 먹었던 맛있는 음식들, 우리가 여행 중에 만났던 사람들의 이름, 우리가 탄 기차의 번호 등. 그 모습이 어찌나 열심인지 마치 스위스에 대해 조사라도 나온 듯한 탐정 같았다. 엄마는 딸과의 여행을 하나라도 놓칠세라 작은 수첩 속에 꾹꾹 눌러 담았다.

스위스 지명은 유난히 길고 어려운 것이 많았다. 하루하루 다르게 총명함을 세월에 도둑맞고 있는 부모님으로서는 생소한 지명을 금방 외우는 것이 쉽지 않은 일이었다. 제네바, 로잔 등 평소 책 속에서 티브이에서 한 번쯤 들어본 적이 있는 지명은 그나마 머리에 쉽게 새겨졌지만 스테인 암 라인, 샤프하우젠과 같이 생소하고 긴 지명은 들어도 들어도 헷갈리는 듯했다.

그때마다 엄마는 내게 이렇게 물으셨다.

"민아 오늘 우리 어디 간다고?"

"응. 스테인 암라인."

"아.... 스테인 암라인."

엄마는 몇 번을 조용히 반복해서 발음해보며 수첩에 적으셨다. 그러나 5분도 채 안돼서

"근데 민아. 스타...... 뭐라고? 어디 보자. 내가 아까 여기 적어뒀는데."

옆에서 무심한 듯 창밖만 바라보던 아빠가 그것도 못 외워서 뭘 그렇게 물어대냐고 괜히 엄마에게 핀잔을 주셨다. 골이 난 엄마는 10분 뒤 아빠에게 묻는다.

"그럼 당신은 지금 우리 어디 가고 있는지 알아요?"

... 5초쯤 망설이다가 아빠는 자신 있게 이렇게 말하셨다.

"어딜 가긴. 우리 지금 스위스 간다아이가! 스위스! 그것도 모르고 따라 댕기나?"

능청스러운 아빠의 대답은 "너 어디서 왔니?" "우리 집에서 왔는데요?" 하는 식의 허무한 개그였지만 우리 셋은 한참을 웃었고 스위스 여행 내내 그 말은 우리 가족의 유행어가 되었다.

숙소를 나서는 아침마다
"오늘은 우리 어디가?"
"스위스 간다. 스위스!" 하며 즐거워했다.

행복했던 작은 기억의 조각들이 모여 사람 사이 추억의 다리를 놓아준다. 부모님과 나는 서로 수많은 기억들을 공유했음에도 뒤돌아보니 의외로 함께했던 즐거운 기억이 많이 없음에 놀랐다.

가족이지만 서로에게 다 털어낼 수 없었고 온전한 서로의 분신이 되어줄 수 없었기에 부모님과 나 사이엔 추억의 다리가 많이 모자랐다.

여행은 그것을 메꾸어 줄 좋은 이음줄이었다. 배낭을 메고 상기된 표정으로 내 뒤를 따라오는 부모님을 몇 번이고 돌아보았다. 잘 따라오고 계시는지 피로하진 않은지 이것저것 염려되고 신경이 쓰였다.

내가 어릴 적 부모님도 나를 이런 시선, 같은 마음으로 돌아보셨을 것이다. 그 순간 보호자라는 바통을 드디어 내가 이어받는 기분이었다.

이제 내가 지켜드릴 차례구나. 나를 위해 애쓴 엄마, 아빠 인생의 숱한 시간과 노력들이 지금의 나를 있게 했구나. 그동안 받아왔던 사랑과 배려가 새로운 깨달음처럼 선명해졌다.

언젠가 우리가 이별하게 되어 서로가 사무치도록 그리운 날,
그 어떤 위로보다 더 큰 위안이 될 추억을 만들기 위하여,

우린 오늘 함께 스위스로 간다.

엄마가 로맨틱을 알아요?!

여행을 하다보면 왠지 "사랑"이라는 주제와 잘 어울리는 장소가 있다.

독일의 퓌센 마을과 시드니의 달링하버가 그렇고 체코의 프라하가 그렇다.

프라하를 배경으로 한 여러 로맨스 드라마에서처럼 이 도시에 도착하면 누구나 사랑에 빠질 수 있을 듯한 기분이 들었다. 유유히 흐르는 볼바타 강변에 앉아있노라면 집나간 연애세포들도 마구 솟아나는 듯 했다.

실제로 까를교 위에도 바츨라프 광장 앞에도 사랑을 속삭이는 연인들이 넘쳐난다. 그들을 보고 있노라면 이 황홀하고도 정열적인 사랑이란 묘한 감정에 나또한 젖어 들어 마음이 뜨거워진다.

HOTEL U PRINCE
HOTEL U PRINCE

하늘에 별이 뜨고 저 멀리 프라하성이 고운 색 빛나는 망토를 입게 되면 낭만은 최고조에 달한다. 한 줌의 스쳐 가는 바람마저도 아름답게 느껴지는 로맨틱한 이 분위기!

한껏 설레임의 바람을 타고 환상 속을 날아다니던 그때,

나를 현실에다 내동댕이치는 한 목소리가 있었으니. 그것은 다름 아닌 엄마의 끝없는 잔소리였다.

“민아! 바지가 끌리는 것 같다 좀 올려라. 내일 공항에 일찍 가야 하니까 늦잠자면 안된다. 너무 고기만 먹었으니 저녁을 채소를 좀 먹자. 고기만 자꾸먹음 살찌고 건강에 해로워...@#$#%#^%$*^”

“엄마가 로맨틱을 알아요? 힝..”

엄마와 로맨틱이라는 단어는 서로 연관성이라곤 눈 씻고 찾아봐도 찾을 수가 없는 관계이다.

루앙프라방

늦은 아침을 먹기 위해 숙소를 나섰다. 조용한 골목길들을 지나 메콩강 옆으로 줄지어 늘어선 식당 중 한 곳으로 들어갔다.

라오스는 볶음밥이 참 맛있다. 한두 가지 채소와 달걀이 다인 것 같은데도 신기하게 감칠맛이 나고 입에 착착 붙는다. 볶음밥과 몇 가지 다른 음식들을 주문하고 앉았다. 식당 옆으로 흙빛 메콩강이 유유히 흐르고 있었다. 음식이 나올 때까지 강물을 멍하니 바라보며 말없이 앉아있었다.

방금 막 잠을 깨서 그런지 아직 꿈속에 있는 것만 같았다. 다른 테이블에도 게으른 여행자들이 늦은 아침을 먹기 위해 혼자 혹은 둘씩 앉아있었다. 그들도 우리처럼 대화보다는 침묵의 시간을 가지며 흐르는 강물을 보고 명상에 빠져있었다.

여기는 그런 곳이다. 떠들썩한 대화보다는 공기 속에 떠다니는 적막함이 어울린다. 휘황 찬란 화려함보다는 소박한 흙길에 더 마음이 푸근해진다.

그래서 이곳 루앙프라방에선 여행 계획 따윈 없었다. 사실 꼭 무엇을 봐야 한다는 곳도 없는 것 같았다.

오늘처럼 게으른 늑장을 피우며 일어나 대충 눈곱만 떼고 슬리퍼를 질질 끌면서 동네 주민처럼 돌아다닌다. 그러다 배가 고프면 식당에 들어가 두 시간 동안 밥을 먹는다. 이곳 식당들은 탁자 앞에 큰 빈백을 놔둔 곳이 많았다. 거기에 비스듬히 기대고 누워 기둥에 걸린 티비를 보며 시간을 보낸다. 할 일 없는 백수가 따로 없다. 티비에는 주로 미국 드라마 프렌즈가 약속이나 한 듯이 방영되고 있었다.

그것도 지겨우면 숙소에 와서 한국에서 가져온 책을 읽는다. 그러다 푸른 하늘을 하염없이 바라보다 평화로운 낮잠을 잔다. 골목에서 들리는 사람들의 나지막한 말소리와 큰 나뭇잎들이 바람에 흔들리는 소리가 기분 좋은 자장가가 되어준다.

저녁이 되면 하루 중 가장 분주한 야시장 구경을 나갈 수 있다. 갖가지 수공예품과 미술품을 저렴한 가격에 살 수 있고 무엇보다 길거리 음식이 그렇게 맛있을 수가 없다. 낮이면 백수처럼 백주대낮에 게으름을 피우다 해가 지고 나면 낮잠으로 충전한 체력을 야시장을 돌면서 다 써 버린다.

그러다 너무 피곤하면 우리 돈으로 만원도 안 되는 금액으로 최상의 마사지를 받으며 하루를 마무리한다.

여행자의 좋은 시절이다. 굳이 바쁘게 무엇을 보러 다니기 위해 열심일 필요도 없고 비싼 가격 때문에 원하는 메뉴 중 몇 가지만을 골라야 하는 고민도 없다. 적당히 심심하고 적당히 무의미하다. 몸은 나른해지고 정신은 가벼워진다.

루앙프라방에서의 시간은 내가 살아온 시간의 속도와 다르게 흐르는 것 같았다. 그래서 자기 나라에서 시간에 쫓기며 살아온 사람들도 이곳에 오면 느린 시간에 맞춰 생체리듬과 행동들이 다시 세팅된다.

이곳은 주민들도 여행자들도 바쁜 사람이 없다. 루앙프라방을 둘러싸고 있는 신비한 힘이 시간을 붙잡아 두고만 있는 것 같았다.

루앙프라방에서 무엇을 보았냐면 특별히 본 것이 없고 무엇을 하였냐면 역시 딱히 뭘 한 것도 없다. 하지만 그곳에 다시 가고 싶냐고 묻는다면 망설임 없이 대답은 yes이다.

이런 느낌은 나뿐만 아니라 그곳에서 며칠간 일과도 없이 어슬렁거려봤던 여행자라면 같은 마음일 것이다. 여행지의 낯섦을 주는 동시에 왠지 모를 친숙한 편안함을 느낄 수 있는 곳.

조용하지만 지루함이 느껴지지 않던 곳.

루앙프라방. 루앙프라방. 그 이름도 부를수록 참 매력적인 루앙프라방...

시리도록 푸르른 산토리니

새하얀 벽들은 눈부시게 빛났다. 흰색이 이토록 아름다운 색이었던가. 거기에 푸르른 바다를 닮은 파란색 지붕이 완벽한 조화를 이루고 있는 곳. 산토리니는 흰색과 파랑이라는 더없이 훌륭한 색의 조합만으로도 여행자들의 설레임을 자극하기에 충분했다.

산토리니. 그곳은 내게 환영(幻影)과 같은 곳이었다. 가버리면 실체가 없어질 것만 같아 아끼고 미루고만 있던 여행지였다. 특별한 여행만이 자격이 있다 생각했었다.

그래서 결혼식 날짜보다 산토리니행 날짜를 먼저 잡아버렸다. 남편은 그런 내가 자기와 결혼이 하고 싶은 건지 산토리니가 가고 싶은 건지 헷갈리기도 했다고 한다. 솔직히 말하자면 둘 다라고 말할 수 있겠다. 그 멋진 산토리니를 소중한 사

람과 가고 싶은 마음이었기 때문이다. 그리하여 그곳은 나의 신혼여행지로 한치 망설임도 없이 당당히 선발되었다.

절벽을 따라 자리 잡고 있는 장난감처럼 예쁜 집들, 시원한 박하향이 나는 듯한 푸르고 넓은 바다가 황홀했다. 저녁이면 부드러운 음악소리와 달그락 거리는 식기 소리가 레스토랑 밖으로 흘러나왔다. 까만 밤하늘에 뿌려져 있는 별과 함께 시원한 바람을 맞으며 골목 사이를 걸었다. 그곳은 눈이 시리게 아름답고 꿈꿔오던 모습 만큼 충분히 감탄스러웠다.

그럼에도 불구하고 아끼던 사탕을 다 까먹어버린 것만 같은 기분은 지울 수가 없었다. 현재는 그토록 달콤하고 행복했지만 이제 더 이상 꿈을 꿀 그곳이 없어져 버린 미래에 대해 빈 가슴이 요동을 쳤다.

산토리니를 여행한 지 딱 십 년이 되었다. 그곳은 더 이상 내게 잡히지 않는 무지개 너머의 이상적인 곳은 아니다.

하지만 여전히 설레고 그립고 사랑스러운 장소임은 틀림없다. 사라진 막연한 동경 대신 행복한 추억들이 마음 속에 자리잡았다.

언젠가 다시 한번 그곳에 가게 된다면 들뜬 마음에 미처 마주하지 못했던 작은 섬의 속살들을 찬찬히 느끼며 오래도록 머무르고 싶다.

오늘따라 그 푸른 바다가 마음 시리도록 그립다.

찬란했던 그 시절을 다시 한번

앙코르와트 투어는 아직 밤의 기운이 가시지 않은 어두운 새벽에 시작되었다. 알람 소리에 옷을 주섬주섬 몸에 끼워 넣고 전날 약속한 툭툭이 기사를 만나러 호텔 로비로 내려갔다.
호텔에서는 조식 뷔페를 먹지 못할 우리를 위해 정성껏 도시락을 싸서 건네주었다. 6만원 남짓 되는 돈으로 누리는 5성급 호텔의 호사라니.. 캄보디아이기에 가능한 일이었다.

툭툭이 기사는 이미 오래전부터 기다리고 있었던 듯 우리가 호텔 정문을 나오는 것을 보자 반갑게 손을 흔들며 툭툭이에서 내렸다.
어둠에 잠들어 있던 하늘이 점차 푸른빛을 띠며 밝아왔다. 툭툭이는 사방이 큰 나무로 우거진 숲길을 가로지르며 시원하게 달렸다. 상쾌한 새벽 공기가 콧구멍으로 들어와 머릿속을 몸속을 구석구석 정화시켜 주었다.

사십여 분을 달려 툭툭이는 베일에 갇혀 있던 신비로운 앙코르와트에 우리를 내려놓았다. 이제 곧 해가 뜰 시간이라 일명 포토존에는 사람들로 가득 차 있었다. 우리도 인파를 비집고 들어가 자리를 잡았다.

해가 떠올랐다. 구름이 많아서 빠알갛고 동그란 해를 보지는 못했지만 일출의 기운이 앙코르와트에 내려앉는 것을 경험하는 것만으로도 신비롭고 경이로운 순간이었다. 사람들은 일제히 한 손에 든 카메라를 치켜들어 올렸다. 나도 시시각각 변하는 일출광경을 열심히 카메라에 담고 눈에 담고 마음에 담았다.

뜨거운 해가 머리 위에 떠올랐을 때쯤 사람들은 각각 흩어지기 시작했다. 우리도 호텔에서 싸온 도시락으로 아침 요기를 할 작정으로 앙코르와트 입구 쪽 벤치를 찾아 나섰다. 그런 우리를 졸졸 따르는 이들이 있었으니 그건 바로 관광객들에게 목걸이를 파는 동네 아이들이었다. 그 아이들의 떡진 머리와 씻지 않은 꼬질꼬질한 얼굴은 아직 그들이 자고 있어야 할 너무 이른 시간이라는 걸 말해주고 있었다.

그중에는 어린이라고 부르기에도 너무 어린 유아들도 섞여 있었다. 형과 언니를 따라 이 꼭두새벽에 일터로 출근을 한

아기들.

그동안 동남아를 여행하며 무수히 많은 아이들이 교육보다는 노동으로 그들의 유년시절을 소모하고 있는 것을 보아왔다. 그런데 이번엔 유난히 더 기가 찼다. 그 연령이 어려도 너무 어렸기 때문이다. 말도 못 배운 아기들이 우리에게 목걸이를 사라고 큰 눈을 껌벅이며 들이밀었다. 가난은 이토록 슬프고 마음 저리는 것이다.

우리가 주는 돈이 그들에게 독이 될지 득이 될지 알 수가 없었다. 여행자들이 건네는 1-2달러의 달콤함은 그들에게 교육의 희망과 동기를 오히려 잘라버릴 수도 있었다. 구걸하며 누리는 만족이 그들 인생에 발전을 포기하게 만들 수 있다는 생각을 하니 선뜻 지갑을 열기가 힘들었다.

오만가지 생각으로 입구를 빠져나와 벤치를 찾아 앉았다. 호텔에서 싸준 도시락은 부족함이 없었다. 빵과 과일, 음료수와 디저트까지 혼자서 다 먹기에 양이 차고 넘쳤다. 벤치 위의 진수성찬을 즐기려고 하던 찰나, 계속해서 우리를 지켜보는 시선이 느껴졌다.

조금 떨어진 곳에서 우리의 도시락에 한시도 눈을 떼지 않고 서 있던 세 명의 여자아이들. 우리와 눈이 마주치자 그들은 거침없이 다가왔다. 손으로 배가 고프다는 시늉을 하며 음식을 먹고 싶다고 표현했다. 주변을 둘러보니 우리의 도시락을 원하는 아이들은 그 소녀들 뿐만이 아니었다.

하... 그 시선에 둘러싸여 불편한 식사를 시작했다. 소녀들에게 음식을 주지 않았다. 마음이 복잡했다. 한없이 불쌍하기도 하고 이러한 상황이 화가 나기도 하고 답답하기도 하고 뭐라 설명하기 힘든 뒤죽박죽 된 감정을 음식과 함께 삼켰다. 하지만 삼켜도 삼켜도 목구멍에 걸려 넘어가지가 않았다.

도시락을 다 비우는 걸 포기하고 입을 대지 않은 깨끗한 음식들을 따로 담았다. 끝까지 무표정으로 음식을 응시하고 있던 소녀들을 불렀다. 그리고 우리가 담은 음식을 건네고 나머지는 모아서 쓰레기통에 버리고 자리를 일어났다.

다음 장소로 가기 위해 툭툭이를 탔다. 음식 주변으로 모여 있는 소녀들이 보였다. 그중 한 명이 쓰레기통을 뒤져 방금 우리가 먹다 버린 음식을 꺼내는 것을 보았다. 가슴 한 켠이 먹먹했다.

평소에 우리가 남기고 버리는 음식의 양을 가늠해보았다. 한 곳에선 차고 넘치는 것이 다른 쪽에선 적은 양도 이토록 간절하다. 이 모순과 불공평을 직시하는 것이 힘겨웠다. 많이 가진 쪽이 나와 우리 아이들이라서 다행이라는 이기적인 생각이 들기도 했고 또 한없이 죄책감이 느껴지기도 했다.

툭툭이는 왕왕 소리를 내며 달려 나갔다. 앙코르와트가 점점 멀어져 갔다. 한 때 찬란한 번영을 누렸던 왕조의 산물인 거대한 사원 앙코르와트.

그 눈부신 역사의 흔적 앞에서 그들의 후손들이 관광객들에게 구걸하며 생을 이어간다. 참 아이러니 하기 짝이 없다.

선조들이 일구었던 화려했던 그 시절을 동경하며 그들이 언젠가는 다시 빛날 수 있는 날이 오게 되기를 바란다. 앙코르와트가 그들에게 그 힘을 전해줄 수 있는 열쇠가 되어주기를 간절히 희망하며 멀어지는 앙코르와트의 풍경을 그리고 그 앞의 소녀들을 한참을 바라보았다.

늘 함께하던 것에 마음이 흔들리다

상트페테르부르크의 건물들은 하나 같이 정말 거대하고 정교했다. 유럽의 여러 도시들을 여행해 보았지만 이곳만큼 도시 그 자체로 멋짐을 뿜어내는 곳은 드물었다.

여기 건물들은 웅장함, 고풍스러움 이런 형용사로는 표현하기 힘들었다. 마치 대충 코트 하나 걸쳤을 뿐인데도 멋스러움이 폭발하는 그런 세련된 미남의 모습이랄까. 성당이며 대로며 궁전까지 수준 높은 전시회장을 둘러보는 기분이었다. 거기에 화창한 날씨까지 완벽한 콜라보네이션을 뽐내며 여행자들의 마음을 홀렸다.

문득 이 멋진 도시를 한눈에 담아보고 싶어 졌다. 그래서 한 성당의 전망대를 올라보기로 했다. 꼭대기를 오르기 위해서는 뱅글뱅글 돌아 수많은 돌계단을 올라야 했다. 힘이 들긴

했지만 어쩐지 이 도시와 엘리베이터는 어울리지 않는다는 것을 인정한다. 한 계단 한 계단마다 세월의 흔적이 깊이 베여있는 차갑고 묵직한 돌계단을 밟고 올라가는 것이 마땅하다고 느껴지는 도시였다.

찌는 날씨에 좁다랗고 어두운 계단을 줄지어 오르자니 이미 등엔 땀 줄기가 주룩주룩 흘러내렸다. 하지만 꼭대기에서 내가 볼 그 무언가에 대한 기대는 한 계단 오를수록 더욱 커져갔다. 내 심장도 쿵쾅거리며 뛰기 시작했다. 숨이 턱 밑까지 차올라 한여름에 갈증 난 강아지처럼 숨을 헐떡거렸다. 십 여분을 힘겹게 오른 끝에 저 멀리서 환한 빛줄기가 뻗어 나왔다.

작은 문을 통과하자 한 줄기 지나가는 청량한 바람이 나를 맞이해주었다. 사방으로 뻗은 도시가 눈앞에 펼쳐졌다. 하지만 사실 꼭대기에 올라 내가 본 상트 페테르부르크의 전경보다 더 내 마음을 설레게 만든 것은 바로 내눈에 담긴 새파란 하늘과 눈이 부시게 내리쬐는 햇빛이었다.

물론 네바강과 100년은 훌쩍 넘긴 고풍스럽고 멋스러운 건물들이 감탄을 자아내게 했다. 하지만 그것보다 그때 그 순간 내 머리 위로 내려앉던 뜨거운 햇살에 나는 눈물 나게 감동했다.

늘 보는 하늘이고 항상 있는 햇빛이건만 그 순간엔 왜 그렇게 내 마음을 설레게 하고 진한 여운을 주었는지 모르겠다.

사실 여행 좀 다녀봤다는 사람들은 어떤 건물이나 전시물을 보고 감동하는 만족점이 계속 올라간다. 나 같은 경우에도 인도 타지마할을 보고 난 뒤로는 웬만한 건축물을 보고도 크게 감흥이 없어져 버렸다. 파리의 에펠탑을 보고 난 뒤 일본의 도쿄타워는 그냥 우리 동네 송전탑을 보는 것만큼 감동이라곤 없었다.

물론 모든 건축물과 랜드마크들은 그 나름의 매력을 지니고 있다. 하지만 너무 대단한 것을 봐버린 여행자의 눈은 그 이하의 것을 담지 못하는 거만한 시각이 생겨버린다.

그런데 신기하게도 자연만큼은 예외적이다. 알프스의 웅장함을 보았지만 우리나라의 소박하고 아기자기한 산들은 또 그 나름의 감동을 준다. 뉴질랜드의 옥빛 빙하호수도 멋졌지만 스위스의 어느 마을의 작은 개울 또한 내 마음에 들어와 맑게 흘렀다.

자연에 있어서만큼은 감동의 규칙 따윈 존재하지 않는 듯하다. 웅장하면 웅장한 대로 소박하면 소박한 대로 그 나름의 감동 포인트를 각자 가지고 있다.

파란 하늘 아래 눈이 부신 햇살을 받으며 한참을 서 있으니 내가 이렇게 멋진 세상에 살아 숨 쉬고 있구나 하는 생각에 가슴이 벅차왔다. 황금색 쿠폴에 반사되어 햇빛은 더욱더 눈이 부셨다. 햇살 한 줌도 바람 한 줄기도 그토록 감사하고 아름다웠던 순간이었다.

일상을 엿보다

아침 거리로 나섰다. 베트남 여행에서의 아침은 늘 들뜨고 기분이 좋다. 여유롭고 평화로운 주말 아침과 같은 설렘을 준다. 여행객들로 아직 채워지지 않은 좁은 거리들, 이제 막 가게 문을 열기 시작하는 상인들의 분주함과 느긋하게 길거리 카페에 앉아 모닝커피를 즐기는 이들의 모습을 보고 있노라면 나도 모르게 상쾌한 미소가 지어진다.

하지만 해가 중천으로 옮겨 갈 즈음이면 이 평화로운 거리도 오토바이와 여행자들로 북적거리기 시작할 것이다. 그전에 나는 이곳을 빠져나가기 위해 서둘러 므이네 행 버스에 올랐다.

익숙한 데탐 거리를 빠져나오자 버스는 흙먼지를 뿌옇게 일으키며 달렸다. 버스 안에 있는 나와, 밖으로 보이는 사람들

은 창문 하나를 사이에 두고 왠지 다른 공간 다른 시간을 살고 있는 것만 같았다.

여행자로 현지인을 바라보는 시선과 현지인이 여행자를 바라보는 시선, 서로를 바라보는 시선 사이에는 낯설고도 넓은 강 하나가 흐르고 있다. 하지만 굳이 서로를 이해하려 하지 않는다. 그저 보이는 대로 느끼는 대로 눈에 담을 뿐이다.

같은 장면이 반복해서 파노라마처럼 스치고 지나가고를 반복했다. 창밖으로는 비슷한 모양을 한 베트남 가옥들이 줄지어 서 있었다. 게을러 보이기까지 하는 그들의 느린 움직임은 나른한 정오의 햇살을 받아 마치 정지된 느낌을 받게 했다. 버스 안에는 각국의 여행자들의 대화 소리로 가득 찼다. 버스는 그 도란거림과 함께 전진했다. 기분 좋은 뒤섞임, 유쾌한 불협화음이다.

베트남은 도로 사정이 그다지 좋지 못했다. 버스는 줄곧 울퉁불퉁한 땅으로부터의 충격을 몸으로 고스란히 전달해주었다. 아침 일찍 부산을 떨며 일어난 탓에 무거운 눈꺼풀은 계속 아래로 떨어졌다. 하지만 이내 통통 튀는 버스의 충격에 깜짝 놀라 눈을 뜨고야 말았다. 몇 번을 그렇게 잠이 들었다

깼다를 반복하다 결국 난 말똥말똥한 눈이 되어버렸다. 머릿속을 텅 비운 채 눈 앞에 펼쳐지는 창밖의 풍경들을 흘려보냈다.

창밖은 잠들기 전의 풍경과 달라진 게 없었다. 사람들은 여전히 느릿한 동작으로 길거리를 배회하고 있었고 해먹에 누워 무의미한 시간들을 세고 있었다. 때론 삼삼오오 모여 앉아 지루한 듯 텔레비전을 응시하고 있었다.

난 덜컹이는 버스에 몸을 기댄 채 아무 일도 일어나지 않을 것만 같은 그들의 조용한 일상을 엿보았다.

짠돌이 여행자

어느 나라를 여행하든지 공항에서 시내로 빠져나가는 방법은 여러 가지이다. 어떤 교통수단을 이용할 것인지는 여행자에게 주어진 첫 번째 미션이다.

그 첫 번째 선택은 여행자의 성향을 잘 보여주는 단편적인 모습이기도 하다. 저렴하고 되도록 낯선 방법을 즐기는 나는 버스로 이동하기로 마음먹고 버스 정류장을 찾아 공항 밖을 나섰다.

베트남에서 처음으로 들이키는 들숨. '아~ 도착했구나' 하며 기지개를 켜는 순간 후끈 달아오른 바람이 콧속으로 스며들었다.

나는 동남아의 이 무덥고 습한 공기가 좋다. 긴장한 마음도 크고 작은 걱정거리도 무장 해제 시켜버리는 긍정의 기운이

공기에 떠다닌다. 이상하게 이곳에선 더위에 땀을 비 오듯 흘려도 불쾌함이 없다. 기분 나쁘지 않은 찝찝함이라고나 할까.

모처럼 여행지의 설레는 공기를 만끽하고 있는 나에게 작고 다부져 보이는 택시기사가 호객행위를 하며 말을 걸어왔다. 택시를 탈 마음이 없었던 나는 그에게 버스정류장이 어디냐고 되려 물었다. 그러자 주변에 승객을 태우려 기다리던 기사들이 하나둘씩 내 주변으로 모여들었다. 마치 먹잇감을 발견한 하이에나들처럼 말이다. 그러면서 오늘은 음력설 명절이라 모든 버스는 운행을 하지 않는다고 끼어들기 시작했다.

여러 여행지에서 그런 거짓말 따위에 너무 많이 속았던 나였기에 분명 어딘가에 버스는 운행되고 있을 거란 불신을 지울 수 없었다.

큰 짐을 들고 공항 주위를 배회했다. 일곱 명 정도 되는 택시기사는 호위라도 하듯 내가 움직이는 동선을 따라 졸졸졸 따라다녔다. 어디서 왔나? 어디에서 잘 거냐? 대꾸도 없는 나를 따라오며 끊임없이 질문을 해댔다.

그들을 위성처럼 줄줄 달고 공항 주변을 헤맨 지 15분쯤 흘렀을까? 정말 거리에 버스라곤 보이지가 않자 이 사람들이

한 말이 거짓말은 아닌 것 같았다.

호위무사들처럼 나를 둥글게 에워싸고 있는 이 기사들 중 한 사람을 골라 흥정을 해야했다. 그 택시로 시내를 나가는 수밖에 없는 것 같았다.

눈치가 번개보다도 빠른 그들은 그런 내 마음을 벌써 읽었다는 듯 음흉한 웃음으로 '거봐. 버스는 없다니까!!' 하는 표정으로 날 바라보고 있었다.

"4달러!!"를 외쳤더니 순간 침묵이 흘렀다. 나랑 마주한 기사가 어이가 없다는 듯 7달러를 불렀다. 단호히 거절하고 다른 기사를 쳐다봤다. 이 사람들 다 같이 장사하는 마당에 지금 대놓고 4달러로 흥정해서 날 태워 가버리면 뒤통수가 아마 근질근질할 거다. 그래서였는지 다들 선뜻 7달러 밑으로 가격을 부를 생각을 하지 않았다.

이 무리에 있었다간 밤이 새도록 흥정해도 7달러 이하는 어렵겠다 싶었다. 나를 중심으로 에워싼 그 동그란 대열을 벗어나 저 멀리 서 있는 택시기사에게 걸어갔다.

처음에 7달러를 외쳤던 기사는 잽싸게 나를 따라붙으며 5달러까지 가격을 깎아 불렀다. 주변의 기사들이 그에게 핀잔을 주는 듯했다. 난 멈춰 서서 4달러가 아니면 가지 않겠다고 단호하게 말했다. 그 기사는 이 공항 어디에도 너를 4달러에 태워갈 사람은 없을 거라며 장담을 했다.

그때 옆에서 새롭게 등장한 택시기사!

"데탐 street? 4달러! 오케이?"라고 말하고 나를 보기 좋게 낚아채간다.

택시가 출발하고 끈질기게 따라붙던 그 택시기사는 저 멀리 나를 보고 김새듯 웃으며 엄지손가락을 치켜들었다.

그래 네가 최고의 짠돌이 여행자다!!!

나는 여행 마니아일까? 공항 마니아일까?

끊임없이 흘러나오며 귓가를 지나치는 안내방송들, 저마다의 사연을 품고 입국장 앞에서 작별인사를 나누는 사람들, 백화점 냄새를 닮은 듯한 면세점의 공기, 반갑거나 낯설거나 익숙한 그곳으로 우리를 데려다 줄 비행기 탑승 티켓, 목적지와 출발시간을 시시 때때 바꿔가며 보여주는 대형 전광판. 소소한 풍경 하나하나에 설렘과 기대가 묻어있다.

전날 밤 정성스레 싼 캐리어를 끌고 공항 입구를 들어서는 순간, 여행은 이미 시작된다. 목적지가 어디든 공항에 발을 들이는 그 순간의 행복감은 늘 다르지 않다. 체크인을 위해 줄을 서는 것도 입학하는 첫날의 초등학생처럼 마냥 신나기만 하다.

예약 내용을 확인하고 손에 E-티켓도 출력 해 쥐고 있지만 체크인이 시작되는 순간에는 알 수 없는 긴장감이 느껴진다. 여권에 이상은 없는지 혹시 예약을 잘못한 것은 아닌지, 무사히 목적지를 향한 보딩 티켓을 손에 건네받을 때까지 입에 침이 마른다. 여행을 하며 수도 없이 반복해오는 과정이지만 늘 초조한 마음으로 체크인 데스크 앞에 선다.

무사히 나의 짐이 벨트 위에서 이동되면 그제야 한숨 놓인다.

본격적으로 공항을 즐길 시간이다. 북적거리는 면세점에선 딱히 살 것이 없어도 몇 바퀴를 돌고 또 돈다. 굳이 필요 없는 물건도 여행 전 들뜬 마음이 소비를 부추기기도 한다. 양손에 두꺼운 면세점 비닐 백이 몇 개쯤 들려지면 탑승 게이트를 찾으며 쾌적하게 깔린 공항 카펫 위를 걷는다. 사뿐사뿐, 두근두근 여행을 향해 점점 더 가까이 걸어간다.

게이트 앞에서의 기다림은 지루하지 않다. 공항에서의 기다림은 지루함보다 설렘이 더 앞선다. 보딩 사인이 전광판에 뜨면 비행기에 몸을 싣는다. 창밖으로 남겨신 일상 속의 사람들을 바라보며 드디어 떠남이 실감 난다. 남겨둔 일상의 풍경에 잠시 동안 작별인사를 마음속으로 건넨다.

비행기가 굉음을 내며 땅과 멀어진다. 공항의 수십대 비행기들이 장난감처럼 작아진다. 공항은 아련한 풍경으로 나를 배웅하며 여행의 안녕을 빌어준다.

어쩌면 나는 여행을 좋아한다기보다 공항을 좋아한다는 것이 더 맞는 말일 것 같다. 여행의 모든 순간들을 통틀어 공항에서 느끼는 행복 수치가 가장 높은 듯하다. 공항에서 느끼는 오감의 행복이 여행지에서 얻는 것과 비교했을 때 절대 뒤지지 않는다.

여행의 갈증이 최대치에 다다르면, 난 가끔 공항을 다녀오곤 했다. 마치 여행을 떠날 사람처럼 공항에 들어선다. 그곳의 식당 한 군데를 들어가 여유롭게 식사를 하고 2층 의자에 앉아 떠남을 앞둔 사람들을 구경한다. 수많은 사람들의 설레는 만남과 아쉬운 이별을 바라본다. 그리고 언젠가 여행에서 만났던 소중한 인연들을 떠올린다. 곧 어딘가에서 만날 새로운 인연들이 기다려진다.

공항은 그런 곳이다. 그립고 설레고 신나는 곳. 나는 공항이 참 좋다.

주홍빛의 네프스키대로

주홍빛의 네프스키대로를 걸었다.

해질 무렵 이 거리는 걷는 행위만으로도 큰 설렘을 안겨주었다. 구름을 향해 내리쬐는 저녁의 따뜻한 햇살이 붉고 포근했다.

이 곳은 분주하지만 그 분주함이 시끌벅적하다거나 서두름으로 가득 찬 그런 것과는 조금 달랐다. 오히려 기분 좋은 활기가 넘친다는 말이 더 어울리는 표현일 것 같다.

연인을 만나러 가는 길처럼 기분 좋은 일이 일어날 것만 같은 들뜬 분위기로 가득 차 있다. 이 거리를 걷노라면 행복 가득한 내 몸이 살랑살랑 떠다니는 것만 같았다.

노천카페에서 식사를 하며 담소를 나누는 사람들의 표정 속에는 삶의 여유와 쉼이 느껴졌다. 바삐 오가는 길 위의 사람들도 생동감이 넘치는 몸짓으로 이동하고 있었다.

ВОКЗАЛ

분명 이 곳은 내가 처음 만나는 곳이고 생소한 곳이었다. 하지만 이상하게 이 속에서 노을 지는 하늘을 바라보고 있자니 떠올리기만 해도 가슴 따뜻해지는 유년시절 나의 고향 골목길에 서 있는 듯 한 착각이 들었다.

해질 무렵 집으로 돌아갈 시간이면 하늘은 늘 내게 이렇게 따뜻한 얼굴을 하고 배웅을 해 주었었다. 그래서였을까? 지금 저 멀리 내려앉은 저녁노을을 가득 품에 안은 구름이 낯설지가 않았다.

사람들의 떠드는 소리는 소음이 아닌 아이들의 합창처럼 생기 있었고 북적거리는 도시의 분위기에 도취되어 이유 없이 기분 좋아 나는 싱글거리며 걸었다.

이곳 네프스키대로는 성당, 박물관, 동상들이 즐비하여 여행자들을 불러 모으고 있는 곳이다. 하지만 그 이외에도 사람을 끌어당기는 알 수 없는 매력이 존재했다.

주홍으로 붉게 물든 네프스키 대로를 걸으니 내 마음도 점점 홍조를 띠며 고운 빛으로 물들어갔다. 적당한 분주함과 여유로움이 공존하는 이 곳. 한 걸음 한 걸음 옮기며 나도 이 아름다운 풍경 속에 녹아들어 갔다.

언젠가 다시 한번

엄마는 비교적 건강한 체질이셨다. 잠시를 가만히 앉아있지를 못하는 타고난 부지런한 성격으로 아플 시간도 없이 항상 분주히 무언가를 하면서 살아오셨다. 여행과 산을 좋아해서 시간이 날 때면 수시로 등산을 즐기곤 했다. 그랬던 엄마가 나와 함께 했던 첫 배낭여행을 다녀온 후로 건강을 잃기 시작하였다.

야간 기차 여행 중 삐끗한 허리는 디스크가 되었고 디스크는 무릎과 어깨에도 통증을 퍼뜨렸다. 몇 차례 수술을 거치며 엄마는 많이 쇠약해지셨고 면역력이 떨어지자 감기, 어지럼증, 소화불량을 달고 사는 그야말로 걸어 다니는 종합병원이 되어버렸다.

스위스에서 체코로 향하는 야간기차는 열 냥이 넘는 기다란 기차였다. 스위스에서 점점 멀어지면서 기차는 앞에서부터 한 냥씩 뚝뚝 분리가 되어 떨어져 나갔다. 우리는 거의 종점이라 할 수 있는 체코에서 내려야 했기 때문에 기차의 맨 뒤쪽 꼬리 부분에 올라탔다.

기차의 맨 끝부분이라 하필이면 화장실 바로 옆 칸이었다. 밤새 불량스러운 젊은 남자애들이 그 앞에서 떠들어대고 우리 객실 문을 흔들고 차는 바람에 좁은 침대에서 눈을 감았다 떴다를 반복해야만 했다.

새벽이 밝아오고 조용해진 객실 밖으로 나가보았다. 우리가 탄 한 냥만 남은 기차는 선로 위를 여유롭게 달리고 있었다.

몇 시간 뒤 기차는 프라하에 도착하였고 각자의 배낭과 캐리어를 들고 기차 객실을 나오던 찰나. 엄마가 그대로 주저앉아 버렸다. 갑작스러운 허리 통증으로 도저히 움직이지 못하겠다고 하셨다. 아마 밤새 불편한 침대칸에서 웅크리고 잠을 설친 뒤 갑자기 무거운 짐을 들다 허리를 삐끗했을 거란 생각이 들었다.

내가 짐을 챙기고 엄마는 아빠의 부축을 받아 거북이걸음으로 역을 빠져나왔다.

엄마는 허리 통증으로 프라하 숙소에 며칠 째 누워만 계셨다. 그런 엄마를 두고 아빠와 잠깐씩 프라하 시내를 둘러보다 걱정스러운 마음에 종종걸음으로 숙소로 돌아오곤 했다. 이틀 정도 휴식을 취하니 엄마가 조금씩 걸을 수 있게 되었다. 무리하지 않는 선에서 천천히 시내 구경을 하기로 했다.

엄마는 아픈 허리를 부여잡고도 하나라도 더 눈에 담고 싶어 부지런히 움직이셨다. 아마도 나의 여행 유전자는 엄마에게 물려받은 것이 틀림없었다.

프라하는 보석가게가 많았다. 한국인 관광객들이 기념품으로 보석을 많이 사간다고 했다. 보석가게 주인이 깐깐함이라고는 없어 보이는 우리가족 세 명을 집중 공략하며 따라붙었다.

나는 평소에도 보석에 별로 관심이 없었다. 게다가 며칠 남지 않은 일정을 쇼핑으로 낭비하고 싶지 않았기에 보석가게에는 들어가고 싶지 않았다. 하지만 엄마는 달랐다. 며칠 전부터 돌아가서 지인들에게 줄 선물 때문에 계속 마음의 짐을 가지고 있던 터였다.

몇 군데의 보석가게에서 이게 나을지 저게 나을지 고민하는 엄마를 아빠와 나는 가게 밖에서 하염없이 기다렸다. 그러다 결국 나는 그만 엄마에게 폭풍 짜증을 내고야 말았다. 그게 못내 서운했던지 그때부터 엄마는 나에게 침묵으로 불만을 표현하셨다.

엄마와 나는 어릴 적부터 의견 충돌이 있거나 서운한 점이 있으면 침묵 게임을 시작하였다. 일주일이고 한 달이고 그렇게 싸운 친구사이 마냥 자존심 줄다리기를 했다. 그 줄다리기를 이 곳 프라하에서까지 하게 될 줄이야..

엄마는 여행이 끝나도록 말이 없었고 나 또한 불만스러운 마음을 풀 생각이 없었다. 돌아오는 공항과 비행기 안에서 엄마는 허리 통증이 심해 아빠의 간호를 받으며 간신히 앉았다 누웠다를 반복하며 어렵게 장시간 비행을 마쳤다. 그러는 사이에도 나는 엄마에게 다가가지 못하고 멀찌감치 떨어져 불편하고 걱정스러운 마음을 속으로만 삼켰다.

한국으로 돌아온 뒤 엄마는 허리 디스크 판정을 받고 몇 년을 고생하다 결국 수술을 하셨다. 이 모든 것이 내 탓만 같아 후회가 밀려왔다.

야간기차가 아닌 그냥 비행기를 탔더라면, 엄마 짐을 내가 미리 들었더라면, 프라다에서 내가 조금만 더 같이 부축하고 엄마를 보살폈더라면..

나는 참 고집스럽고 못된 딸이었다. 다른 사람들에게는 관대하고 친절하면서도 가까운 가족에게는 왜 그토록 잔 정 없고 무뚝뚝한 사람이었는지.

또 허리가 아프다며 한의원에 침을 맞고 오는 길이라는 엄마의 전화를 받았다. 살갑지 못한 부족한 딸이 다시 한번 함께 배낭을 메고 가벼운 걸음으로 낯선 여행지를 누비는 그런 날을 소망해본다.

그곳에서 오래 전 나를 만나다

몇 년 만에 다시 찾은 시드니는 변함이 없었다. 청량한 하늘을 머리에 이고 있는 멋진 오페라 하우스도, 푸른 바다를 가로지르는 하버브릿지도, 항상 많은 사람들로 북적였던 활기찬 서큘러 키도. 모든 것이 내 기억 속의 설레는 시드니 모습을 그대로 간직하고 있었다.

같은 배경 속 한 여행자가 마음이 훌쩍 큰 채로 다시 이곳에 서 있다. 줄지어진 가게들과 음식점들, 구석구석 골목길이 어렴풋이 떠오르기 시작한다. 기억 속에 잠자고 있던 흑백의 장면들이 서서히 색을 입으며 선명해진다.

록스 시장 골목에 들어섰다. 비슷비슷하게 보이는 골목길들이 방향을 잃고 뻗어져 있다. 일부러 길을 잃었다. 지도도 펼치지 않고 헤매며 걸었다. 아직 길을 헤매어도 괜찮은 아이로 머무르고 싶었다. 어쩌면 이미 다 알아버린 어른이 되기 싫었는지도 모르겠다.

적지 않은 시간이 흘렀다. 겹겹이 쌓인 시간만큼 내 속에도 무언가가 차곡차곡 채워졌기를 기대한다. 하루하루 마주치는 새로운 생각과 행동들로 잊지 말아야 될 것들을 밀쳐 버린 채 의미 없는 것들로 메우고 있지는 않았을까? 많은 것이 잊히고 또 많은 것이 채워졌다. 첫 마음, 순수함, 동심, 희망... 남겨야 될 것들은 제자리를 뺏기지 않고 고이 간직되고 있기를 바라본다.

수년의 세월을 흘려보낸 뒤 이곳에 다시 오니 기분이 묘하다. 내가 보낸 그 시간들은 어디로 갔을까? 무엇이 되었을까? 시간과 맞바꾼 무언가가 손에 쥐어지지 않는 것이기에 조금 허무하다.

오래전, 내가 21살 되던 해. 대한민국 경남, 그중에서도 창원이라는 조그만 도시에서 진자운동을 반복하던 나는 처음으로 호주라는 이곳으로 동선을 길게 뻗어나갔다. 처음 세상 밖으로 내디딘 큰 발걸음이었다.

두렵고도 설레는 첫 발자국을 이 곳 호주에 내딛고 나는 무척이나 흔들렸었다. 불안하고 수줍고 위태롭고 어설펐던 그때 그 시절의 내가 그곳에 있었다. 미완성의 모습이 부끄럽기만 했던 그때와 달리 지금 마주한 그때의 나는 순수하고 용기 있고 아름다웠다. 숱한 하루하루를 젊음으로 견디며 살아낸 내 청춘의 나날들을 토닥여주고 싶었다. 그러했기 때문에 지금의 내가 이렇게 있을 수 있는 것이라고.

그 시절의 나를 만나고 돌아서는 내 머리 위로 따뜻한 햇살 한 줌이 내려앉았다. 다시 만난 시드니는 참 따뜻하고 기분 좋은 곳이었다.

아날로그 여행

2000년, 밀레니엄 시대가 도래하였다고 세상은 들썩였다. 새천년의 시대가 열리고 이전까지는 경험하지 못한 혁신적인 기술들이 새 역사를 열어갈 것이라고 온 세계가 들떠있었다.

하지만 그런 기대와는 달리 현실은 아직까지 디지털카메라조차도 보급화 되어있지 않았다. 여행 시 필름 카메라를 목에 멘 여행자들이 다수였다.

필름을 넣으면 "지잉~"하는 소리와 함께 촬영 가능을 알리는 숫자가 들어오는 자동 필름 카메라가 일반인들에게는 전부였던 시절이었다. 내 생애 첫 배낭여행은 아날로그 기계처럼 정겹게 추억을 타고 거슬러 올라간다.

아무런 사고(?)도 없이 너무도 평범히 흘러만 가던 대학 시절이 지나가고 있었다. 문득 휴학을 해야겠다는 생각이 들었다. 시간을 어찌 돈으로 환산할 수 있겠냐마는 누군가가 내게 10억을 던져주며 마음껏 쓰라고 했다치자. 난 차를 산 것도 아니고 집을 산 것도 아니고 그저 먹고 노는데 이미 5억을 써버린 느낌이랄까? 그래서 이미 써버린 5억의 흔적은 온데간데 없어져 찾을 수 없는 허탈함... 지나온 대학시절이 딱 그랬다.

일단 쉼표를 찍기로 했다. 나머지 5억의 시간을 어떻게 쓸 것인가 생각할 시간을 필요했다. 몇 달간의 아르바이트를 통해 모은 돈으로 호주행 비행기 티켓을 끊었다. 딱 두 번 제주행 비행기를 타본 것이 전부였던, 그 비행기가 이륙할 때 손뼉을 치며 환호성을 질렀던 21살의 촌스러운 여대생은 11시간의 비행 끝에 키만 한 배낭을 짊어지고 시드니 공항에 도착했다.

그리고 호주에서 100일의 추억을 쌓았다. 참 많이 웃고, 울고, 감탄하고, 즐겁고, 놀라고, 겁먹고, 부끄러웠던 시간들. 하지만 그 보석같은 시간들을 찍은 사진이 몇 없다. 모순되게도 그래서 이십년이 넘은 지금도 내 기억에 생생한 장면들이 많다.

들고 간 고물 자동카메라는 여행 초반부터 고장이 나 먹통이 되어버렸다. 함께한 친구의 카메라 속에 얼굴을 들이민 몇 장의 사진. 그것이 그 시절을 기록한 전부이다.

게다가 친구가 먼저 귀국하는 바람에 혼자 여행할 때에는 사진을 찍을만한 도구가 내겐 아무것도 없었다(그때 왜 일회용 카메라라도 사서 찍을 생각을 하지 않았는지는 모르겠다). 지금은 핸드폰이 웬만한 DSLR급 카메라를 대체하고 있으니 이 얼마나 굉장한 속도로 세상은 변해가고 있는가를 새삼 느낄 수 있는 대목이다.

카메라가 없으니 멋진 풍경들, 좋은 사람들과 함께한 매 순간순간들이 내겐 열심히 눈으로 기억하고 마음으로 새겨야 할 귀한 추억의 한 컷 들이었다. 어쩌면 사람은 '보았던' 것보다 '느꼈던' 것을 훨씬 오래도록 기억할 수 있는 것인지도 모르겠다. 카메라를 든 손이 올라가지 않았기에 몇 초간이라도 눈을 감고 마음으로 더 많이 느끼려고 했다.

그때는 부족함으로 가득 찬 여행이 일상적이었다. 불편함이 많았지만 그로 인해 예기치 못하게 받는 선물 같은 만남과 기회를 덤으로 얻을 수 있었다. 구글 지도나 내비게이션은 없었지만 '론니 플래닛' 이나 '세계를 간다' 라는 사전처럼 두꺼운 여행책으로, 때론 커다란 지도에 볼펜으로 동그라미 표시를 해가며 길을 찾아내는 기쁨은 아마 경험해 본 자만이 아는 여행의 희열일 것이다.

정보도 없이 들어간 현지인들만 가득한 음식점에서 맛 본 음식들은 나만의 미슐랭이 될 가치가 충분했다. 한 시간 남짓 헤매다 도착한 박물관 앞에 'close' 란 팻말을 보고 허탈한 마음에 그 앞 벤치에 누워 청했던 짧은 낮잠. 그것은 그 어떤 고급 마사지보다도 나의 피로를 말끔하게 씻어주는 활력이었다.

스마트폰으로 안 되는 게 없을 정도로 너무나 편리해진 요즘을 산다. 가끔 고장 난 카메라마저 내 손에 없던 그 시절이 그리워진다. 헤매고 실수투성이었고 불확실했던 여행이 주는 즐거움은 이제 느껴보기가 힘들다. 손맛을 잃어버린 낚시꾼처럼 그때가 그립고 아쉽다.

누군가가 내게 타임머신을 타고 다시 가고 싶은 시절을 꼽으라면 망설임 없이 돌아가고픈 그때가 참 많이 보고프다.

Part. 02 만나다

피고지는 인연을 만나다

착한 사람은 세상 어디에든 숨어있다

큰 눈의 젊은 릭샤왈라는 10분이 넘도록 우리를 따라왔다. 적당한 거리를 유지하며 우리가 서면 그도 섰고 우리가 가면 그도 다시 우리 뒤를 따랐다.

그동안 내가 만난 인도인들은 막무가내로 접근해서 온갖 그럴싸한 이야기들로 내 주머니의 돈을 노렸다. 하지만 그는 달랐다. 한마디 말도 없이 그저 우리가 릭샤가 필요할 때까지 조용히 근처를 지켰다.

삼십 분 뒤 우리는 다시 메인 가트로 가야 했다. 그는 이제 이 주변에서의 우리 용무가 끝났음을 직감적으로 눈치챘는지 거리를 좁히며 다가왔다. 하지만 릭샤를 탈 것인지, 어디를 갈 건지를 묻지 않았다.

우리가 먼저 입을 열었다.

“메인 가트 가 줄 수 있어요?”

메인가트라는 말에 청년은 고개를 끄덕거렸다.

“얼마예요?”

그는 대답 대신 큰 눈만 꿈벅거리며 우리를 쳐다보았다. 우리의 말을 잘 못 알아듣는 것 같아 10루피짜리 지폐 하나를 꺼내 보여줬다. 그랬더니 그제야 뜻을 알아차린 듯 손가락으로 두 개라는 표시를 보여줬다. 20루피라는 것 같았다.

생각보다 너무 싼 금액에 의심이 들었지만 오래도록 우리를 말없이 따라다니며 손님을 귀찮지도 언짢지도 않게 품위 있는 호객행위를 한 그 마음이 고마워서 그냥 릭샤를 타기로 결정했다.

바짝 마른 청년의 다리는 우리를 태운 뒤 릭샤 페달을 힘껏 밟으며 바라나시 도로를 쌩쌩 달렸다. 물이 빠지고 때가 꼬질꼬질한 청년의 잿빛 셔츠는 어느새 흥건한 땀으로 색이 짙어지고 있었다.

페달을 밟는 그의 발 뒤꿈치에 자꾸만 시선이 머물렀다. 많아봤자 스물두세 살 정도 밖에 되어 보이지 않는 그의 발이 견디고 있는 삶의 엄청난 무게가 보였다. 하얗고 딱딱해진 뒤꿈치가 더 이상은 못 참아 내겠다고 터지고 갈라졌다.

마음이 쓰이고 미안했다. 땀으로 흥건히 젖은 그의 등에게, 페달을 밟는 앙상하고 거친 그의 발에게.

인도에서 가장 많이 들은 말 "No problem."

온통 problem 투성이인 상황 속에서도 인도인들은 늘 아무 문제없다고 자신했다. 본인 의지로는 도저히 변화시킬 수 없는 처지를 신에게 전부 의탁해버리는 한 마디. 그것은 포기가 아니라 희망이었다.

작은 릭샤 속에 꽉 찬 그의 인생도 희망으로 가득한 No problem이기를 바랐다.

십 여분쯤 달려 메인 가트에 내린 후 잔돈이 없는 우리는 50루피를 건넸다.

청년은 잠시 곤란한 표정을 짓더니 우리에겐 아무 말도 없이 릭샤를 세워놓고 어딘가로 달려갔다.

5분쯤 그 자리에서 기다린 우리는 북적거리는 인파 속에서 열심히 달려오는 청년의 모습을 보았다. 손에는 잔돈 뭉치를 꼭 쥔 채 그는 돌아왔다. 그리곤 약속한 대로 20루피 만을 요금으로 받고 정확히 30루피를 내어주었다.

다른 릭샤를 탔더라면 그 정도 거리에 40루피는 족히 불렀을 것이다. 나는 그의 손에 10루피를 더 쥐어 주고 그냥 웃었다. 청년은 의아한 표정을 지으며 수줍게 같이 웃어주었다.

우리가 발걸음을 돌려 가자 그 청년도 릭샤에 다시 올랐다. 몇 걸음 내딛다 다시 뒤를 돌아보았다. 자전거 벨 한번 울리지 않고, 비키란 고함 한번 지르지 않고 조심조심 수많은 사람들 사이를 피해서 그 속을 빠져나가는 청년의 뒷모습이 보였다.

인도인들이 가득 한 바라나시 거리에 유독 그 청년의 뒷모습만 오래오래 진하게 남았다.

당신은 부모님을 어디에 새기고 살아가나요?

A군은 동굴 투어에서 만난 건장한 청년이었다. 그는 투어가 끝나자 잘 아는 곱창집이 있다며 우리에게 동행할 것을 권했다. '라오스에서 웬 곱창?' 의아함을 안고 따라나섰더니 정말 현지인들만 알고 찾아갈 법한 노천 곱창집이 쾌쾌한 숯불 연기를 뿜으며 우리를 맞았다.

그는 마치 현지인처럼 능숙하게 요리를 주문했다. 그러고는 숙소에서 만났다는 두 명의 여자 일행을 불러 소개해 줬다. 사교성 하나는 타고난 듯한 여행자였다.

처음 만난 우리는 양인지 소인지 출처불명의 오묘한 맛의 곱창을 질겅질겅 씹으며 이야기를 나누었다. 그러던 중 A군의 양팔에 짙게 새겨진 여자 초상화 문신에 대해 이야기를 꺼냈다.

민둥머리에다가 양팔에 범상치 않은 문신을 한 A군의 첫인상은 그리 부드럽지만은 않은 게 사실이었다. 사실 그가 먼저 우리에게 말을 걸어오지 않았다면 시선이 마주치는 순간 나도 모르게 밑으로 눈을 깔아야 할 것만 같은 강한 인상의 외모였다.

보통 문신이라 하면 꽃이나 동물, 문자를 많이 새기는데 A군의 팔에는 세필로 그린 듯 사실적이고 정교한 인물화가 그려져 있었다.

'무슨 사연이라도 있는 걸까?' '저기 그려진 저 여자는 누구일까?'

문신에 대한 궁금증이 한창 커져있던 때였다.

A군은 대뜸 '풍수지탄'이라는 사자성어를 아냐고 물었다. 고등학교 시절 유일하게 언어영역 점수가 높았던 나. '효를 다하지 못한 채 부모를 잃은 자식의 슬픔'이라는 뜻이라고 알고는 있었다. 하지만 나는 대답 대신 뜬금없이 그걸 왜 묻냐는 듯 A군을 쳐다만 보았다.

그러자 그가 입을 열었다.

"어머니가 살아 계실 때 정말 속을 많이 썩였어요. 그러다 어머니가 갑자기 돌아가시고... 그 이후 뭔가를 해드리고 싶어도 할 수 있는 게 없더라고요. 그래서 어머니를 생각하며 팔에 어머니 얼굴을 그렸어요."

"……….."

바람 한 점 없는 식당에 잠시 정적이 흘렀다.

지금도 가끔 효를 떠올리면 A군이 문득 생각나곤 한다. 소중한 사람을 잃고 나면 사람들은 가슴에 그 사람을 새긴다. 하지만 가슴이 아닌 본인의 팔뚝에 어머니의 얼굴을 생생히 새겨 넣은 그는 어떤 마음이었을까. 그는 팔에 새겨진 어머니와 항상 함께라고 생각하는 것 같았다. 그의 문신에는 어머니에 대한 미안함과 그리움이 짙게 배어 있었다.

부모와 자식 간의 인연에 대해 생각한다. 서로가 서로를 택할 순 없었음에도 이어진 운명에 모든 것을 내어준다. 말로는 설명하기 힘든 지독스럽게 이타적인 관계.

늘 받기만 했던 나는 그들을 위해 무엇을 해드렸을까? 아끼는 마음조차 표현하지 못하는 못난 자식이다. 그런 나의 안녕을 비는 엄마의 기도가 오늘도 저 멀리서 들려온다. 아빠의 응원이 불어오는 바람에 전해진다.

라오스 여행 중 한 곱창집에서 생각한 효의 의미는 아주 오래도록 내 마음속 울림이 되었다.

네 행복의 값어치는 얼마야?

“그럼 6시에 메인 가트 선착장에서 기다릴게.”

바라나시에서 만난 인도 소년 아밋과 약속을 했다. 정신없는 바라나시에서 영혼을 탈탈 털리고 조금 한산한 가트를 걷고 있을 때 아밋을 만났다. 그는 열두 살 남짓 되어 보이는 짙은 쌍꺼풀에 깊은 눈을 가진 소년이었다. 그는 마치 나를 원래 알고 있었던 사람처럼 친근감을 표시하며 자연스럽게 내 옆을 걸었다.

그때 난 인도 사람들의 사기에 당할 만큼 당한 터라 인도인들과 말을 섞고 싶지 않을 정도로 질려있었다. 그런데 또 이 수상한 소년이 자연스럽게 다가와 내 옆을 어슬렁거리고 있었다.

나는 들은 체도 하지 않고 앞만 보고 걸었다. 소년은 내내 자기가 하고 싶은 말만 늘어놓았다. 그런데 그 말들이 왠지 모르게 소년을 한 번 더 쳐다보게 만들었다. 그 아이가 하는 말들은 이랬다.

"네가 입고 있는 옷은 면 100%야? 우와... 좋겠다. 인도에선 면 100% 옷은 굉장히 비싸. 그래서 난 그런 옷을 거의 입어본 적이 없어. 이것 봐. 이런 나이론 남방은 너무 더워."

"난 학교를 안 다니는데 내 친구들은 학교를 가. 그래도 괜찮아. 나는 지금 이렇게 지내는 것도 나쁘지 않거든."

"인도는 어때? 네가 가 본 나라들 중에 어디가 젤 좋았어? 나도 담에 돈을 많이 벌면 여행을 많이 해보고 싶어. 난 아직 여기 바라나시도 벗어나 본 적이 없거든."

소년 아밋은 빨강머리 앤이 매튜 아저씨에게 끝도 없이 수다를 풀어놓듯이 내 옆을 지키며 조잘조잘 이야기를 이어나갔다.

아밋의 입담 때문일까? 그 소년에 대한 나의 경계는 조금씩 빗장을 풀고 있었다. 아밋이 하는 말을 맞장구치거나 질문을 하며 어느새 우리는 친구처럼 대화를 나누며 걸었다.

그는 바라나시 구석구석을 안내하며 더없이 완벽한 가이드가 되어주었다. 해 질 무렵 배를 타고 갠지스 강을 보는 것이 정말 멋지다고 추천을 해주었다. 그러면서 자기의 삼촌이 뱃사공인데 우린 친구니까 싼 가격으로 배를 태워주겠다고 했다.

그동안 '삼촌네 가게'란 말에 백만 번쯤 속아 넘어갔었던 나는 그 단어를 듣자 갑자기 다시 머릿속 의심 경고 사이렌이 울리기 시작했다. 하지만 나를 쳐다보는 그의 커다랗고 깊은 눈은 거짓말을 할 줄 모른다고 내게 말하는 듯했다.

한적한 아시가트에서 오후 반나절을 보내다 6시에 메인 가트에서 만나기로 한 아밋과의 약속을 깜빡 잊고 있었다. 부랴부랴 자리를 털고 일어나 메인 가트로 달려갔다.

다행히 내가 도착했을 땐 약속시간 오 분 전이었다. 헐떡이는 숨을 고르고 주변을 둘러보았다. 아밋은 아직 보이지 않았다. 좀 더 기다려보기로 하고 배 타는 곳에 쭈그리고 앉아 그가 나타나기만을 기다렸다. 하지만 30분이 지나도록 아밋은 나타나지 않았다.

"또 속았다! 정말 지독한 인도인들!!"

너무 화가 난 나머지 씩씩거리며 그렇게 속고도 또 한 번 보기 좋게 당한 내 머리를 쥐어뜯었다.

어느덧 넘어가는 해가 갠지스강을 붉게 물들이기 시작했다.

난 서둘러 아무 배나 잡아탔고 초를 파는 6살도 채 안 되는 꼬맹이에게 한번 더 속아 넘어간 뒤 하루를 마감했다.

다음날 바라나시 골목을 걷던 중 우연히 아밋을 만났다.

'그래 너 잘 만났다. 이 사기꾼아!'

나는 한바탕 따질 기세로 그를 쳐다보았다. 그런데 나와 눈이 마주친 아밋은 아주 매서운 눈초리로 날 한번 노려보더니 등을 돌리며 가 버리는 게 아닌가?

적반하장도 유분수지. 미안하다고 말은 못 할 망정 저 뻔뻔한 눈초리는 뭔가? 어이가 없던 나는 또래들에게 둘러싸여 있는 그에게 따지듯 말했다.

"왜 어제 약속을 안 지켰지?"

그러자 소년은 나를 똑바로 쳐다보며 말했다

"약속은 네가 안 지켰어" 순간 말문이 턱 막혔다.

"난 어제 약속시간인 6시에 그곳에 갔었고 한참을 기다렸는데도 넌 나오지 않았어!"

소년은 아주 차갑고 냉정한 목소리로 또박또박 내게 다시 이렇게 말했다.

"난 분명 6시에 거기 갔었고 너는 약속을 안 지켰어. 너 때문에 우리 삼촌은 다른 손님을 태우지도 못하고 그 시간에 돈을 벌지를 못했어"

난 너무 화가 났지만 더 이상 말을 해봤자 말싸움만 될 것 같아 기분대로 퍼부어 버리고 돌아섰다.

"인도 사람들은 도대체 왜 항상 이런 식이지? 여행객들이 무슨 자기네들 먹여 살려주는 사람인 줄 아나 본데 정말 난 이런 인도인들이 너무너무 싫다!!"

그동안 숱한 인도인들에게 당했던 억울함이 북받쳐 튀어나오면서 나는 흥분하고야 말았다.

아밋은 그 이후 아무 말도 없이 또래들에 섞여 여전히 차가운 표정으로 앉아있었다. 그래도 마지막에 하고 싶은 말을 다 쏟아붓고 돌아서니 어느 정도 분이 가라앉는 듯했다. 그리고 앞으로 다시는 속지 말자고 조심하고 의심하자고 혼자서 마음의 각오를 다졌다.

그런데 그는 조용히 따라오더니 차가운 표정으로 돈을 달라고 했다. 정확히 말하면 "Give me my money"라고 했다. 정말 맡겨놓은 자기 돈을 요구하듯 당당하게 my money라고 했다. 어제 가이드를 자처해 안내를 해주었고 나 때문에 삼촌이 돈을 못 벌었으니 내가 돈을 주어야 한다는 것이 그의 논리였다.

질릴 대로 질려버린 나는 그냥 돈 몇 푼 던져주고 빨리 그 자리를 벗어나고 싶었다. 그래서 5달러를 손에 쥐어 주고 빠른 걸음으로 걸었다. 아밋은 내 보폭을 맞춰 따라 걸으며 물었다.

"너의 행복의 값어치가 5달러니?"

순간 말문이 턱 막혔다. 5달러... 내 행복의 값이 겨우 5달러? 아닌데... 그렇다고 난 무지하게 행복하다고 내가 가진 돈을 다 줘버릴 수도 없는 노릇이고. 이 아이 정말 사람을 어쩔 수 없게 만든다.

그래도 배낭여행자인 내게 5달러의 적선은 후한 인심이라 생각했다. 행복의 크기를 어찌 돈으로 환산할 수 있겠냐만은 아밋은 행복을 금액으로 증명해 보이라며 나를 크게 한 방 먹이고 돌아섰다.

며칠 간의 바라나시 여행을 마치고 다시 델리로 향하는 기차를 타기 위해 역으로 발걸음을 옮겼다. 기차 번호와 시간을 확인한 뒤 기차에 올라 짐을 풀었다. 하지만 어찌 된 영문인지 기차는 출발시간이 40분이 지나도록 꼼짝을 하지 않았다. 인도는 5시간 연착도 아무렇지 않은 나라이기 때문에 그러려니 했지만 40분이 지나도록 기차 안에 사람이 별로 없다는 사실에 살짝 불안해지기 시작했다.

'기차를 잘못 탄 걸까?'

기차에서 내려 기차 번호를 확인하고 자리로 돌아오자 사람들이 몰려서 타기 시작하더니 어느 순간 기차는 사람들로 북적거렸다. 그리고 20분 정도 흐른 뒤 내가 탄 기차는 역을 빠져나갔다.

아무리 연착이 심하다 해도 1시간이나 이렇게 아무런 안내 방송도 없이 늦게 출발하는 게 어딨냐며 속으로 투덜거렸다. 도착지에 내려 역사를 빠져나오는 길에 벽에 걸린 시계를 보며 난 무언가 이상함을 느꼈다.

그리고 내 손목시계를 한 번 확인해보았다. 다시 벽시계를 보았다가 손목시계를 보고 그렇게 몇 번을 확인한 뒤에야 내 시계가 한 시간 앞당겨져 있음을 알아챘다.

순간 제일 먼저 아밋이 떠올랐다. 그 소년은 나와의 약속을 지켰던 것이다. 약속을 어긴 건 나였고 그로 인해 아밋의 삼촌은 하루 일당을 벌지 못했다. 그런데도 난 아밋에게 내 분풀이를 다 해버리고 떠나와 버렸다.

정말이지 시간을 다시 되돌리고 싶었다. 할 수만 있다면 그 소년에게 어떻게든 용서를 빌고 싶었다. 하지만 나는 이미 바라나시를 떠나와 버렸고 난 아마 평생 그 소년을 다시 만나기 힘들 것이다.

내 삐뚤어진 시선이 한 소년에게 얼마나 큰 실망과 배신감을 안겨주었을까 하고 생각하니 한없이 미안한 마음이 밀려왔다.

아주 단편적인 모습만으로 그 나라를 제멋대로 평가해버리는 뜨내기 여행자들의 섣부른 편견은 이토록 어이없는 실수를 만들어냈다. 코끼리 발톱 하나 만져놓고 코끼리를 다 안다고 자만한 내 모습이 부끄러워 얼굴이 화끈거렸다.

나는 오만과 편견으로 고마웠던 친구 아밋을 잃어버렸다. 인도는 내게 힘든 여행지였지만 매 순간 모든 만남이 이유를 가진 가르침이었다. 나를 멋지게 속였던 수많은 그 인도인들이 모두 나의 길 위의 스승이었음을 뒤늦게 깨달았다.

바라나시에서 만난 나의 작은 스승 아밋에게 진심으로 사과를 전하고 싶다.

푸른 새벽에 만난 부처- 탁발공양

푸른 새벽 공기를 뚫고 거리로 나섰다. 며칠 동안 해가 중천에 뜰 때까지 이불속에서 미적거리던 습관 때문인지 해가 없는 하늘을 보며 눈을 뜨는 것이 힘들었다. 그래도 꼭 나가야겠다는 의지로 무거운 갑옷을 걸치듯 겉옷을 주워 입고 숙소를 나섰다.

다른 날과 다르게 이렇게 일찍 하루를 시작하는 이유는 바로 탁발 공양에 동참해보기 위해서이다. 탁발 공양은 경제활동을 할 수 없는 승려들이 걸식을 통해 중생들에게 목숨을 의탁하는 것이라고 했다. 줄지어 걸어오는 백여 명이 넘는 승려들에게 음식을 나누어 주는 의식에 우리도 한 번은 함께 해보고 싶었다.

배낭에 있던 과자들과 캐러멜을 양손 가득 챙겨 숙소를 나

섰다. 해가 뜨기 전 새벽의 공기는 시원하고 상쾌했다. 약 10분 정도 골목길을 걸어 나가니 큰 대로가 나왔다. 길 한 켠으로는 벌써 공양을 위해 사람들이 줄을 지어 앉아있었다. 우리도 그 줄 끝에 자리를 잡고 앉았다.

간식거리 말고는 딱히 준비해 온 것이 없어 그곳에서 시주용 밥을 파는 아주머니에게 밥을 몇 개 구입한 뒤 바구니에 담았다.

조금 있자 저 멀리서 주황색 승려복을 걸친 승려들이 줄을 지어 다가오고 있었다. 그들은 작은 바구니 하나씩을 어깨에 메고 천천히 우리 앞을 지나갔다. 밥을 조금씩 떼어 그들의 바구니에 담았다. 어려 보이는 동자승도 종종 걸음으로 대열에 끼여 지나갔다. 그땐 재빨리 과자와 캐러멜을 밥보다 조금 더 담아주었다. 어디에 살던 신분이 무엇이든 그 나이에 달콤한 과자를 좋아하지 않을 어린이는 없을 것임을 알기에, 밥 한술 보다 캐러멜 한 알 까먹을 때 부처님의 자비를 더 크게 느낄 것 같은 그들의 개구진 표정때문에 동자승의 바구니에 한가득 달콤함을 채워 넣어 주었다.

라오스는 잘 사는 나라가 아니다. 이곳에 탁발 공양을 하러 나온 사람들도 수수한 차림새의 전형적인 서민층이었다. 하지만 그들은 많이 가졌건 적게 가졌건 자기가 가진 것의 일부를 당연히 나눔을 위해 내어놓았다. 비록 그 나눔이 거창하고 대단한 것은 아닐지라도 그들은 가진 것을 나눈다는 것이 생활 속에 자연스럽게 녹아있는 삶을 살고 있었다.

고요한 새벽, 침묵이 가득 찬 거리에서 사람들은 말없이 승려들의 바구니를 채워주며 행동하는 선(善)을 실천했다. 시주를 받은 스님들 또한 그것들을 본인이 다 가지는 것이 아니라 마을에 끼니 해결이 어려운 사람들에게 나누어 주고 남은 것으로 하루 한 끼를 때운다고 하였다.

소박한 밥 한 덩이의 베풂이지만 이것은 나눔을 통해 또 다른 나눔을 실천하는 선업의 끈을 이어 주는 위대한 일이었다. 이른 새벽 넉넉지 않은 형편에도 기꺼이 가진 것을 떼내어 주기 위해 길 위에 무릎을 꿇고 있는 그 사람들의 얼굴에서 부처의 모습을 보았다. 천천히 고요하게 세상을 선으로 채워나가는 그들이야말로 살아있는 부처였다.

그곳에 내 청춘이 있었다

에메랄드 빛 바다가 반짝였다. 큰 키의 야자수와 발가락 사이를 빠져나가는 하얗고 고운 모래들, 쨍한 햇살과 푸른 하늘. 컴퓨터 배경화면에서나 보아왔던 풍경이 눈앞에 펼쳐졌다. 우린 피피섬에 왔다.

피피섬은 태국의 작은 섬이다. 2003년 그 당시 태국 하면 푸켓이나 파타야 정도가 한국인에게 유명한 휴양지였다. 하지만 우린 여행지로 피피섬을 골랐다.

거창한 이유는 없다. 레오나르도 디카프리오가 꽃미남 시절 찍었던 영화 '더 비치'에서 본 피피섬은 알 수 없는 힘으로 나를 그곳으로 끌어당기는 것만 같았다. 매번 여행지 선정에는 이렇다 할 이유를 대기가 힘든 게 사실이다. 정말 "그냥"이 답이다.

그리하여 이번에도 "그냥" 가고 싶어서 피피섬으로 여행을 계획하고 준비했다. 하지만 잠시 며칠 머무른 푸켓에서 예상치 못하게 경비를 거의 탕진해버리는 바람에 하마터면 피피섬엔 발도 못 들여놓을 뻔했다. 생각보다 너무 쌌던 물가 때문에 소비 욕구가 폭발을 해버린 탓이다.

우여곡절 끝에 피피에 도착했을 땐 우린 스쿠버다이빙할 비용만 달랑 남겨둔 대책 없는 빈털터리 여행자였다. 숙소도 구하지 못하고 무작정 스쿠버다이빙 센터로 갔다. 한국인이 운영하는 곳이었다.

사무실에 짐을 풀고 앉아있으니 방금 막 바다에서 돌아왔는지 까맣게 그을린 다이버들이 짠내를 풍기며 들어오기 시작했다. 우리는 스쿠버 다이빙을 예약하고 싶다고 했다. 그 중 한 명이 우리 예약을 도와주며 숙소를 물어보았다. 우린 푸켓에서 비싼 해산물 요리를 먹고 온갖 쇼를 보러 다니며 호화롭게 경비를 다 탕진했다고 말했다. 그러고는 혹시 이 섬에서 젤 저렴한 숙소가 있으면 추천을 해달라고 부탁했다. 이야기를 엿듣고 있던 다이버들이 우리를 힐끗 쳐다보며 웃었다.

그날 저녁 우리는 감사하게도 그들 덕분에 공짜 숙소에 머무를 수 있게 되었다. 마침 다이버 중 한 명이 이사를 하는데 짐을 나를 일손이 부족하다고 했다.

피피섬은 자동차도 없고 리어카나 자전거 정도가 이동수단의 전부였다. 일일이 살림들은 손으로 날라야 했던 참이었는데 그들 앞에 유익한 일꾼 세 명이 떡 하고 나타난 셈이었다.

우리는 부지런히 이삿짐을 날라주었다. 이사할 곳은 원래 살던 곳과 그다지 멀지 않아 생각보다 이삿짐 아르바이트는 빨리 끝났다.

집주인인 다이버 에릭은 수고했다며 그 귀한 신라면을 끓여주었다. 그동안 먹었던 태국 음식은 맛있었다. 내 입맛에는 착착 감기는 것이 그렇게 감칠 나고 맛있을 수가 없었다. 하지만 함께한 두 친구들은 '고수'라는 강한 향신료 때문에 강제적 단식을 거행하고 있는 참이었다. 그런 상황에서 그들 눈에 나타난 신라면은 재난 상황에서 구호 물품과도 같은 존재였다.

그녀들은 빨간 국물이 마치 성수라도 되는 마냥 성스럽게 두 손으로 받쳐 들고 마셨다. 라면을 영접하고 난 두 친구의 얼굴에는 환희의 미소가 번졌다.

그 귀한 라면을 내어준 것도 고마운데 에릭은 새로 이사 간 집을 선뜻 우리 숙소로 내주었다. 본인은 근처 친구 집에서 자면 되니 며칠 동안은 그곳에서 편히 쉬라고 했다.

가끔 여행에서 뜻하지 않은 타인의 호의나 친절을 받을 때마다 이런 생각을 해본다. 그동안 착하게 살아온 보상을 타국에서 이렇게 받는 거구나. 아무리 생각해도 착한 일이 떠오르지 않는다면 앞으로 받은 은혜를 갚으며 착하게 살라는 뜻이구나 하고 말이다. 어쨌든 덕은 베푼 만큼 쌓이고 또 쌓인 만큼 내놓으며 살아야 함은 순리인 것 같다.

이삿짐 아르바이트로 얻은 편안한 숙소에서의 아침이 밝았다. 우리는 곧장 다이빙센터로 달려갔다. 교육을 마치고 모터가 달린 기다란 배에 올라탔다. 우리가 탄 배는 용감하게 바다를 가르며 다이빙 포인트로 이동하였다.

내 몸은 파도를 따라 흔들렸다. 엄청난 파도였다. 그리고 더 엄청난 멀미가 밀려왔다. 내 평생 그렇게 심한 멀미는 해본 적이 없는 것 같다. 내 의지와는 상관없이 위가 발라당 뒤집어진 채 토사물을 쏟아 내보냈다. 다이빙이고 뭐고 배에서 내리고 싶은 마음만 간절했다.

다이빙 포인트에 도착하자마자 뒤로 나자빠질 법한 묵직한 산소통을 등에 메고 시퍼런 바닷속으로 풍덩 뛰어들었다. 바닷속은 파도가 조금 약하긴 했지만 그래도 울렁거림은 여전히 내 속을 자극했다.

바닷속 깊숙이 들어갈수록 바다는 신비한 속살을 보여주었다. 형형색색의 산호들과 물고기 떼들, 파도에 춤추는 이름 모를 바다생물들까지 그야말로 별천지 세상이었다.

하지만 감상도 잠시, 나는 뒤집어지려는 위를 애써 막느라 바닷속에서 식은땀이 다 날 정도였다. 토할 것 같은 불안한 마음에 본능적으로 호흡기에 손이 갔다.

계속 호흡기를 붙잡고 있는 내가 불안했는지 따라오던 다이버가 계속 괜찮냐는 수신호를 보냈다. 오케이라는 수신호로 답을 하려는 그 순간. 참고 있던 내 소화기관들이 역류성 반동을 일으키며 일을 내고야 말았다.

호흡기 사이로 어제 맛있게 먹었던 신라면의 잔해들이 마구 쏟아져 나왔다. 순간 내 주변은 바닷속 장관이 펼쳐졌다. 온갖 물고기들이 쏟아지는 먹잇감에 떼를 지어 나를 둘러쌌다. 물고기들 사이에서도 신라면이 그렇게 인기 메뉴일 줄이야.. 그 덕에 뒤따라 오던 친구들은 유영을 하지 않고도 그 자리에서 온갖 이름 모를 물고기 떼 장관을 감상할 수 있었다.

50분가량을 나는 물고기들의 먹이를 뿌려주는 사육사가 되어 바닷속을 헤집고 다녔다. 배 위로 올라온 내 얼굴은 반쪽이 되어 있었고 무거운 산소통만 내동댕이친 채 배 위에 쓰러졌다. 물고기들에게 내 속의 모든 것을 아낌없이 나누어주고 거기에다 영혼마저 나눠주고 나온 기분이었다.

기대했던 스쿠버 다이빙은 멀미 때문에 지옥을 맛보고 왔지만 평화로웠던 바닷 속은 천국의 모습이었다. 천국에서 지옥을 맛보고 오다니..

피피에서의 시간은 마냥 행복하기만 했다. 눈부신 바다는 하루 종일 보고 있어도 질리지가 않았다. 아름다운 밤 밝은 달빛 아래에서 보던 불 쇼와 파티는 세상 걱정 따윈 감히 비집고 들어올 수도 없는 황홀함을 안겨주었다.

그곳의 사람들은 여유로웠고 행복해 보였다. 마치 내일 따윈 없는 것처럼 오늘만 즐겁게 불태우기 위해 하루하루를 살아가는 듯 보였다. 그곳에 있는 동안 우리도 그렇게 지냈다. 선생님이 없는 학교의 학생들처럼 모든 나사는 다 풀어진 듯한 그 곳에서 진짜배기 자유와 젊음과 행복을 맛보았다.

그리고 일 년 뒤 피피섬에 쓰나미가 들이닥쳤다는 뉴스를 듣고 나는 알 수 없는 상실감을 느꼈다. 내 추억 속의 파라다이스가 이제 정말 추억 속에서만 만날 수 있게 되어버린 것에 대한 착잡함이 밀려왔다.

뉴스에서 본 피피섬은 참담했다. 쓰나미는 그곳의 자연과 건물들만 휩쓸고 간 것이 아니었다. 거기 있던 사람들의 즐거움과 행복, 희망마저도 함께 앗아가 버린 듯했다.

20대 청춘의 상징과도 같았던 그 곳, 변해버린 피피섬이었지만 나에게는 여전히 젊음이고 자유이고 행복으로 오래도록 남아있을 것이다.

행복의 분배

아이의 엄마는 노점상이었다. 단속반의 호각소리가 들리면 한 손에는 찐 옥수수가 든 광주리를 또 한 손에는 아이를 들쳐 안고 달렸다. 그리고 5분 정도가 흘렀을까? 아이의 엄마는 도둑고양이 마냥 신경을 칼날 끝에 세워놓은 표정으로 조심스레 다시 그 자리에 돌아와 광주리를 내려놓았다. 그리곤 그녀는 이내 사람들의 무심한 발끝만 쳐다보며 멍하니 앉아 있었다.

수많은 사람들이 그녀 앞을 오갔지만 그녀 앞에 놓인 광주리 속 옥수수에 관심을 두는 이는 없었다. 그 옆에서 이제 막 걸음마를 뗀 아이가 놀고 있었다. 엄마의 눈에는 초점도 삶의 기운도 없어 보였다. 하지만 줄곧 그 시선은 아이를 담고 있었다. 아이는 옆 벤치에 앉아있는 내게 다가와 장난을 쳤다. 그 해맑고 순수한 미소 너머로 아이 엄마의 고된 일상이 함께 보였다.

다시 호각소리가 들리자 그녀의 표정이 다시 긴장으로 얼어붙었다. 이번엔 그 자리로 다시 돌아오는데 시간이 좀 더 걸렸다. 다시 자리를 잡은 그녀는 또다시 생의 고달픔을 얼굴에 묻힌 채 초점 없이 앉아있었다.

내가 앉아있던 20분 동안 광주리 속 옥수수는 여전히 그대로다. 그녀는 내 또래로 보였다. 그래서 자꾸만 눈이 갔다. 호치민 거리는 새해 행사로 휘황찬란한 불빛과 들뜬 사람들로 북적거렸지만 그녀는 그런 건 본인과 아무 상관도 없다는 표정으로 옥수수를 팔고 있었다.

살다 보면 나와는 아무 상관도 없는 사람의 행복을 진심으로 빌어주게 되는 경우가 있다. 우리 동네 뇌병변 아들을 둔 엄마가 매일 아들을 휠체어에 태우고 붕어빵을 팔러 나온다. 날이 추울 땐 겹겹이 두꺼운 담요들이 휠체어 속 아이를 감싸고 있었다.

나는 붕어빵을 그다지 좋아하지 않지만 그 앞은 그냥 지나칠 수가 없었다. 그것은 단지 좋아하지 않는 붕어빵을 사지 않고 지나치는 단순한 행위가 아니었다. 어려워도 최선을 다

해 살아보겠다는 그들의 삶의 의지를 외면하는 것 같아 따뜻한 붕어빵 한 봉지를 품에 안고서야 그들에게 조금 덜 미안해졌다.

온 동네가 들뜬 분위기로 가득 찬 크리스마스 저녁, 그날도 어김없이 그들은 작은 그들의 천막 속에서 붕어빵을 팔고 있었다. 누워있는 아들이 추울까 봐 엄마는 담요를 고쳐 덮어주고 있었다.

거리에 넘쳐나는 웃음과 따뜻한 기운들을 조금만 그들에게 가져다줄 수 있었으면 좋겠다는 생각이 들었다. 나와 내 가족이 아닌 타인의 행복을 간절히 소망해보기는 그때가 처음이었을 것이다. 저들에게도 크리스마스의 축복과 행복이 전해지기를. 성탄절 단 하루라도 평소보다 조금 더 따뜻한 날들이 되기를 바랐다.

그때 그 마음처럼 지금 내 앞에 옥수수를 팔고 있는 아이와 엄마의 안녕을 바래 본다. 세상에 널리 퍼져있는 행복이 그들에게도 공평하게 분배되기를.

하지만 조금 뒤 무심한 호각소리가 저 멀리서 들리고 결국 그녀는 단속반에게 덜미를 잡히고 말았다. 단속반에게 호되게 욕을 듣고 나서 원망스러운 눈빛을 허공에 날리며 아이의 손을 잡고 자리를 떴다. 그리곤 다시 그 자리로 돌아오지 않았다.

여행자의 아침

여기는 호치민의 한 숙소다. 일찍이 눈을 뜬 나는 창밖으로 보이는 푸른 새벽의 얼굴과 마주한다. 아침 비질 소리가 산사의 목탁 소리만큼이나 청명하고 맑다. 밤새 웅크리고 있던 세상의 미물들까지도 경쾌한 비질 소리에 기지개를 켜고 눈을 뜬다.

오토바이 소리의 왱왱거림을 피해 골목 구석으로 숙소를 잡은 덕에 이렇게 기분 좋은 아침을 덤으로 맞는다. 무릎을 양껏 구부려 도움닫기 하면 건너편 테라스로 곧장 뛰어넘어 갈 수 있을 법한 가까운 거리를 두고 3~4층 높이의 건물들이 서로 코를 맞대고 서 있다.

1층에서 시작된 비질 소리는 머리를 하늘로 쳐들고 층층이 올라오며 울려 퍼진다. 쫘악쫘악. 소리가 참 시원하기도 하다. 푸른 하늘을 머리에 이고 싶어 문을 열고 테라스로 나갔다. 맞은편 줄줄이 널려있는 빨래에 바람의 숨이 불어 넣어졌다 빠졌다 한다. 고개를 쭈욱 빼보니 골목 밖의 모습이 살짝 살짝 보여진다.

원래 아침형 인간인 나는 아침 공기 속에 녹아있는 신선하고 활기찬 기운을 받길 좋아한다. 아침 기운은 몸 속 세포 속으로 전달되고 기분 좋은 파장을 일으킨다. 아침을 머금은 사람들의 표정 속에는 기대와 희망이 녹아있다.

아침의 행진을 시작하는 상인들의 발걸음이 분주하다. 단장을 하고 그 속으로 나도 발걸음을 떼어본다. 그들이 사는 삶 속으로의 들어가는 오늘 하루 여행을 담담하게 연다.

지구 반대편 은인

시계는 밤 12시를 지나고 있었다. 온몸이 뜨끈뜨끈 했다. 일어나 거울을 보았더니 왼쪽 뺨이 오른쪽의 두 배가 되어있었다. 그리고 부은 뺨은 발갛게 상기되어 있었다.

아무래도 심상치가 않았다. 옆에 자고 있던 친구를 조심히 흔들어 깨우고 얼굴을 보여줬다. 부스스 일어난 친구는 내 얼굴을 보자마자 소스라치게 놀라며 마이타 아줌마 방으로 달려갔다.

마이타 아줌마는 내 얼굴을 보고는 곧바로 차에 시동을 걸었다. 펄펄 끓는 이마에 손을 얹고 병원 응급실로 달려갔다.

마이타 아줌마의 집은 바닷가 근처에 위치한 작은 게스트하우스였다. 그래서 시내와는 거리가 조금 떨어져 있었다. 삼십여분을 차를 타고 달려가 병원에 도착하였다. 응급실은 한

산했다. 외국인이었던 나를 위해 마이타 아줌마가 접수 절차를 대신 밟아주어 신속히 진료실로 들어갈 수 있었다.

의사는 나를 보더니 나의 머리통을 돌려가며 샅샅이 살피기 시작했다. 그러다 이내 무언가를 발견했다는 듯 나를 침대에 누워 보라고 했다. 몸이 사시나무처럼 떨렸다. 타국에서의 병원 방문 그 자체로도 잔뜩 겁먹은 내가 수술대처럼 생긴 침대에 누우니 오만가지 생각이 다 들며 눈가가 축축해졌다.

'아. 엄마가 너무 보고 싶다.'

'혹시 여기서 내가 잘못되면 난 어떻게 되는 거지?'

'수술을 해야 되는 건가? 난 태어나서 수술 같은 건 한 번도 해본 적이 없는데...'

'호주는 그래도 선진국이니 의료사고가 날 위험은 적겠지?'

나의 불안함을 읽은 마이타 아줌마는 내 손을 찾아 꼭 잡아주었다. 눈가에 눈물을 머금은 채 마이타 아줌마를 올려보았다. 아줌마는 온화한 눈빛으로 괜찮다며 계속 나를 안심시켰다.

의사가 핀셋을 들고 오더니 내 귀 뒤쪽에 약을 발랐다. 차갑고 축축함이 느껴졌다. 그리고 이내 내 몸의 일부가 쑥 하고 떨어져 나가는 기분이 느껴졌다. 떨어져 나간 듯한 곳에 시원함이 느껴졌다. 의사는 핀셋 사이에 잡혀있는 새끼손톱 만한 작은 벌레를 내 눈앞에 가져다 보였다.

"This is tick"

'tick'이라고 했다. 내가 열이 난 것도 얼굴이 부은 것도 이것 때문이라 했다. 마이타 아줌마 집으로 돌아와 사전을 찾아보니 'tick ; 진드기'라는 걸 알았다.

요 작은 진드기가 내 귀 뒤에 일주일 이상 붙어 내 피와 살을 야금야금 빨아먹고 있었다.

그러고 보니 어쩐지 며칠 전부터 귀 뒤에 뭔가 볼록한 것이 만져져 친구에게 보여줬더니 볼록하고 큰 점 같은 게 난 것 같다고 했다. 손으로 긁어 떼 보려고 했지만 떨어지지가 않아 상처의 딱지 정도로만 생각했었다.

그랬던 그게 바로 진드기였다. 겁은 많아도 아픔은 잘 참는 편인 나이긴 했지만 이건 무뎌도 미련스러울 정도로 무뎠다.

아무래도 마이타 아줌마 집에 오기 전 산속에 있는 엠마 아줌마 집에 있을 때 물린 것이란 생각이 들었다. 그때 숲 속에서 길을 만들기 위해 나무를 자르고 옮길 때 요 작은 진드기가 내 몸을 자기 영양 공급자로 찜하고 들러붙었던 것 같다.

의사는 기념으로 가져가라며 떼어 낸 진드기를 투명한 플라스틱 통에 넣어 주었다. 나는 그 통을 전리품처럼 손에 꼭 쥐고 돌아왔다.

내 살과 피를 빨아먹던 고약한 놈을 떼어내고 나니 열이 떨어지며 부었던 얼굴이 차츰 가라앉기 시작했다. 다 회복이 될 때까지 마이타 아줌마는 아무것도 하지 않아도 되니 며칠간 침대에서 나오지 말라고 했다.

당시 나는 'Wwoof' 라는 프로그램을 이용하며 여행하고 있었다. 'Wwoof' 는 호주의 가정집에 머무르며 약간의 일손을 거들고 숙식을 제공받는 제도이다. 일을 한다는 조건으로 잠자리와 식사를 대가로 받는다.

하지만 마이타 아줌마는 며칠 동안 나를 위해 정성껏 식사를 준비해주었고 나을 때까지 일을 하지 않아도 된다며 편의를 봐주었다.

그런 마이타 아줌마의 따뜻한 배려와 함께 있던 친구의 정성 어린 간호도 나의 빠른 쾌유에 한몫을 했다.

친구는 내가 누워있는 동안 내가 해야 하는 일까지 혼자서 부지런히 해냈다. 나도 친구도 이러한 상황이 마이타 아줌마에게 미안하고 고마웠기 때문이다.

그러고는 흰 죽을 끓여 한국에서 가져온 조미김과 함께 내 침대로 가져다주었다.

아무것도 넣지 않고 쌀에 물을 넣어 끓인 그 뽀얀 흰 죽을 한 입 입에 넣자 눈물이 터져 나왔다. 따뜻한 죽 한 순갈 위에 고마움과 미안함이 눈물이 되어 뚝뚝 떨어졌다.

며칠 뒤 건강을 회복한 나는 마이타 아줌마와 작별하고 Coffs houber행 버스에 올랐다. 아줌마는 버스 정류장까지 우리를 배웅하러 나와 주었다. 나의 영어 실력이 좀 더 유창했더라면 내 마음속 감사함을 좀 더 깊이 전할 수 있었을 텐데 그것이 못내 아쉽고 또 아쉬웠다.

우리가 탈 버스가 도착하자 마이타 아줌마 뺨 위로 조용한 눈물 줄기가 흘러내렸다. 우리도 뜨거워지는 눈시울을 훔치며 아줌마와 힘찬 작별의 포옹을 했다.

버스는 출발했고 창가 너머로 손을 흔들고 있는 마이타 아줌마가 사라질 때까지 바라보았다.

지난 이주 동안 아줌마에게 받은 따뜻한 배려와 진심 어린 친절은 내가 앞으로 살아가며 만나게 될 숱한 타인들에게 되돌려주며 갚아야 할 빚이었다. 누군가가 두려움과 어려움의 나락에 떨어졌을 때 손을 잡아주며 따뜻한 포옹으로 상대를 안아주는 힘. 배려와 위로를 고스란히 마음에 담고 간다.

누군가의 선한 베풂은 그것을 받은 사람에게 이어지고 또 다른 사람에게 이어진다. 국경을 넘어 친절의 릴레이가 이어진다면 이 세상은 선한 마음으로 가득 찬 따끈따끈한 지구 공동체가 될 수 있지 않을까 하는 이상적인 꿈을 꾸어본다.

저 머나먼 다른 대륙에서 찾아온 낯선 여행자에게도 진심 가득한 친절과 따뜻한 마음을 내어준 마이타 아줌마.

'지구 반대편 아줌마의 사랑을 나눔 받은 한 여행자가 그때의 감사함을 항상 마음에 품고 살아갑니다. 늘 평온하고 행복이 가득하길 바라는 제 바람을 높이 띄워 보냅니다. 정말 고마웠어요. 마이타 아줌마.'

특별한 고양이 누룽지

치앙마이의 숙소 '그린 타이거 하우스'의 입구에는 항상 갈색 고양이 한 마리가 문지기처럼 엎드려있었다. 아침 식사를 하러 식당으로 가는 길목에도 외출해 돌아오는 길에도 항상 같은 모습으로 자리를 지켰다.

고양이 이름은 망고였다. 하지만 아이들은 누룽지라는 한국식 구수한 이름을 새로 지어주었다. 연한 갈색에 순하디 순한 고양이와 찰떡궁합으로 잘 어울리는 이름이었다.

아이들은 틈만 나면 누룽지에게 찰싹 붙어 시간을 보냈다. 수영장에서 실컷 놀고 나와 차가운 물이 뚝뚝 떨어지는 손으로 털을 쓰다듬거나 한창 오후 햇살을 받으며 졸린 눈으로 잠을 청하고 있을 때 귀찮게 툭툭 건드려도 누룽지는 아이들을 피하지 않았다.

사실 큰 딸아이는 원래 동물을 좋아하지 않았다. 정확히 말하자면 현실 동물을 싫어했다. 그림 속 그것도 캐릭터화 되어 있는 동물들이나 좋아라 했지 살아 움직이는 동물은 기겁을 하며 가까이 다가가는 것은 엄두도 못 내는 정도였다.

그랬던 아이가 누룽지에게 먼저 다가가고 털을 쓰다듬는 모습을 보고 놀라지 않을 수가 없었다.

“엄마! 털을 쓰다듬으니까 따뜻한 게 느낌이 참 좋아.”

아이는 이제 누룽지를 쓰다듬는 것쯤은 아무것도 아니라는 듯 자랑스럽게 말하였다. 숙소에 머무르는 내내 누룽지는 아이들과 둘도 없는 친구가 되어주었다.

한국으로 돌아와 아이들과 함께 산책을 하는 도중 작은 골목길에서 길고양이를 만났다. 어쩐지 아이는 약간은 긴장한 표정으로 고양이를 피해 걸었다. 누룽지와의 만남 이후로 동물에 대한 거부감이 없어진 줄 알았는데 그게 아닌 모양이었다. 나는 아이에게 고양이가 여전히 무섭냐고 물었다.

“응. 쟤는 누룽지가 아니잖아. 누룽지가 보고 싶어, 엄마.”

내 눈엔 누룽지나 방금 지나간 갈색 고양이나 크게 다를 바가 없는 그냥 똑같은 고양이일 뿐이었다. 하지만 아이에게 누

룽지는 세상에 단 하나뿐인 어떤 고양이도 대신할 수 없는 특별한 존재인 것 같았다.

어떤 대상에게 마음을 주고 정성을 쏟으면 그것은 곧 나에게 유일무이한 소중한 것이 된다. 그것이 물건이든 혹은 살아있는 생명체이건 내 마음을 소비한 이상 수천 개의 의미로 가득 찬 대상으로 바뀐다.

아이가 여행에서 만난 것은 단지 한 마리의 고양이일 뿐일지도 모른다. 하지만 누룽지에 대한 아이의 기억은 동물을 만져본 첫 도전의 떨림, 손바닥 가득 느껴지던 따뜻한 온기, 변함없는 모습으로 맞아주던 반가움이란 기억의 조각들이 버무려져 그 작은 마음 한켠을 꽉 채우고 있었다.

길들여진다는 것은 때론 지치고 성가실 때도 있다. 그래서 어떤 것에도 얽매이지 않는 삶을 살리라 마음을 먹어 본 적도 있다. 무언가에 연연해하지 않는 쿨내 진동하는 사람이 왠지 더 멋진 삶처럼 느껴지기도 했다.

하지만 누군가에게 온 마음을 내어주고 나 또한 상대에게 큰 의미가 되는 것만큼 인생의 귀한 가치가 또 있을까?

그래서 나는 바란다. 나도 아이들도 쿨한 사람보단 따뜻한 사람이 될 수 있기를. 상처가 두려워 시작도 하지 않는 사람이 되기보다는 온 마음을 미련 없이 다 쏟아낼 수 있는 사랑을 하기를.

아이가 누룽지에게 아낌없는 사랑을 다 내어 준 것처럼 말이다.

Part. 03 생각하다

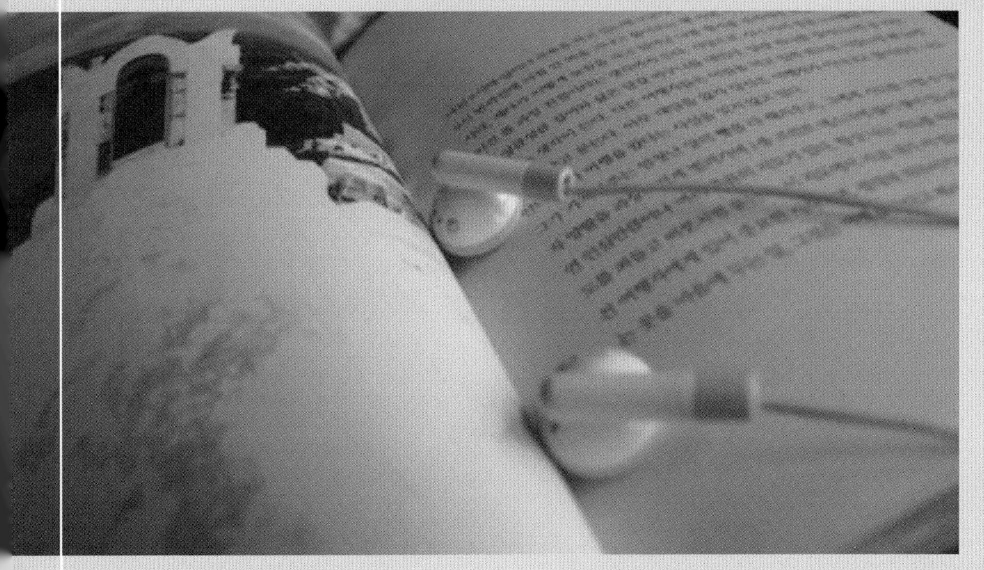

마주한 삶을 바라보고 생각하다

전신거울

식당에 들어가 혼자 밥 먹는 것이 너무 어렵다. 그것은 마치 3천 명의 관객을 앞에 두고 미쳐 제대로 연습하지 못한 피아노곡을 단 한 번의 실수 없이 쳐내야 하는 것과 같은 일이다.

사람들은 내가 혼자 밥을 먹든 일행이 함께 하든 아무 관심도 없을 것이 틀림없다. 그런데도 혼자 밥을 먹고 있는 나를 모든 사람들이 계속 쳐다보고 있을 것만 같은 생각이 들어 식사에 집중하기가 어렵다.

혼자 앉아 밥을 먹느니 차라리 주린 배를 움켜쥐고 다니는 쪽이 더 낫다.

계획 없이 옮기는 발걸음을 꿈꾸지만 당장 오늘 저녁 숙소에 대한 장담이 없다면 오후 내내 숙소 걱정에 꽁꽁 묶여 마음이 편하지가 않다.

어쩌면 미래에 그려질 내 동선에 대한 확신이 여행의 즐거움에 톡톡히 한몫을 해내는 듯하다. 자유로운 영혼이고 싶지만 실은 내 속엔 겁 많고 걱정 가득한 쫄보가 살고 있다.

은근 짠돌이라 기분에 따라 통 크게 소비하는 일은 좀처럼 드물다. 길거리 공연가에게 돈을 내어주는 일에 인색하고 기념품을 살 때 십 원이라도 더 깎아보려고 온갖 꼼수를 다 부려본다. 그러고 숙소로 돌아와서는 늘 후회한다. 여행을 와서도 매 순간을 계산 없이 즐기지 못한 내 행동을 곱씹으며 항상 머리를 쥐어뜯는다.

소심하고 약하다 하지만 정작 큰일이 눈앞에 들이닥치면 거침없이 추진한다. 일이 어렵고 복잡할수록 단순하게 먼저 덤벼 들어본다. 굵직하고 중대한 결정은 단시간 내에 한 번의 마음먹음으로 결정 지어버리는 편이다. 하지만 사소한 일 앞에선 심한 결정장애를 겪는다. 그래서 내겐 유럽 한 달 여행을 마음먹고 계획을 짜는 것보다 기내에서 생선을 먹을 것인지 치킨을 먹을 것인지를 선택하는 일이 오히려 더 어렵다.

단체보다는 소규모의 인간관계가 편하다. 세 명이 넘어가는 그룹 내에선 벙어리처럼 늘 듣기만 한다. 한두 명과의 만남에선 의외로 수다쟁이가 될 때가 많다. 그래서 만남의 규모에 따라 나의 성격은 극과 극으로 평가가 되곤 한다.

여행을 하면서 발견한 내 모습들이다.

여행길에선 내 눈앞에 자꾸 전신 거울이 따라다닌다. 그 거울은 내 안을 투시하는 마법의 거울이다. 나 자신이 어떤 사람인지 자꾸 들여다보게 만든다. 내 마음과 내 성향이 전신 거울에 여과 없이 비칠 때면 때론 민망하고 또 내가 너무 바보스러워 거울을 깨버리고 싶을 정도로 싫어진다. 그래서 그 거울을 바라다보는 것이 부담스럽고 성가실 때도 있었다.

나는 그 거울 속에 비친 내가 좀 더 근사한 모습이길 바랬다.

하지만 흐트러진 머리도 비뚤어진 옷깃도 거울을 보지 않고는 바로잡을 수 없듯이 지금의 내 모습을 내가 똑바로 바라볼 수 있어야 불편하고 싫은 부분을 고쳐나갈 수 있을 것 만 같다.

그래서 이젠 마음의 눈을 똑바로 뜨고 있는 그대로의 나를 바라보려 한다. 비록 마음에 들지 않고 원하던 모습이 아닐지라도 거울을 보고 다듬고 만져서 좀 더 괜찮은 내가 되어 가기를 바래보면서 말이다.

그럼에도 불구하고 여행

세상이 또 빙글빙글 돌기 시작한다.

10년째 앓고 있는 고질병 '어지럼증'이란 내 인생 최악의 불청객이 다시 찾아왔다.

서른이 되던 즈음 이유 없이 세상이 돌기 시작했다. 내 의지와 상관없이 몸은 비틀거렸고 속은 울렁거렸다. 아직 젊었기에 그냥 그러다 말겠지 하고 대수롭지 않게 여겼다. 실제로 하룻밤 자고 일어나면 거짓말처럼 아무렇지 않았다. 하지만 그 증상은 대 여섯 달에 한 번씩 잊을만하면 나를 찾아오기 시작했다.

전국에 어지럼증 치료를 잘한다는 온갖 병원과 한의원의 문을 두드려 봤지만 원인도 찾지 못했다. 원인을 모르니 당연히 치료약도 없었다.

몇몇 병원에서 처방하는 약들이 있었으나 크게 효과를 보지 못했다. 상비약이라도 옆에 두고 있으면 마음이라도 조금 편안할 텐데. 언제 또 예고도 없이 들이닥칠지 모를 어지럼증이 나에게는 일상생활에서 공포의 대상이었다. 대처할 무기가 없어 갑자기 나를 괴롭히기 시작하면 나는 속수무책 그저 당하는 수밖에 없었다.

한약도 양약도 소용이 없자 나는 대체의학으로 눈을 돌렸다. 아로마 테라피로 두통을 다스려보면 나을까, 명상센터에 다니면서 기의 순환을 원활히 뚫어주면 해결될까, 뭐라도 누가 좋다고 하면 의심 없이 다 시도해보았다. 하지만 그 어떤 것도 이 얄궂은 병을 물리치지 못했다.

세상이 돌기 시작하면 신이 내리는 벌을 받는 기분이었다. 그 형벌은 참 가혹했다. 나를 작은 드럼통에 가둬놓고 누가 끝도 보이지 않는 내리막으로 무자비하게 굴려버리는 것만 같았다. 멈출 수도 없었다. 눈을 뜨면 빙글빙글 세상이 그저 야속하게 굴러갔다. 괴로워 눈을 감으면 속이 뒤집어져 이내 화장실로 달려가 위 속에 남아있던 음식들을 눈으로 모조리 확인해야 했다.

어지러워 누울 수도 없었다. 그렇다고 앉아있는 것도 편하

지 않았다. 꼬박 이틀 정도를 견뎌내면 그래도 다시 평화로운 일상을 되찾을 수 있었다.

그런 생활의 반복이 10년이 넘어가고 있다. 세상이 돌면 이곳이 지옥이구나 싶었다. 만약 내가 살아온 선한 인생이 보상을 받아 천국에 갈 수 있다면 그곳은 아마 어지럼증이 없는 세상일 거란 생각도 들었다.

그동안 여행하면서는 한 번도 나를 찾은 적이 없던 그 지옥이 딸아이와 둘이서 대만 여행을 하던 중 불쑥 찾아왔다.

나는 화가 치밀어 올랐다.

'10년 넘게 내가 대들지도 못하고 그저 당해만 왔잖아! 그만큼 괴롭혔으면 되었지. 그것도 모자라 이제 내 행복의 본질과도 같은 가족과의 시간 그리고 여행의 시간마저 망쳐놓으려고 이렇게 찾아온 거야? 해도 해도 나한테 너무 잔인하잖아!'

보이지도 잡히지도 않는 이 악마 같은 병에 대고 나는 속으로 꾸짖고 원망했다. 그것이 내 행복의 근원마저 갉아먹는 걸 당하고만 있기에 너무 억울했다. 그리고 이내 슬퍼졌다.

왜 나만 이런 형벌을 받아야 하는 걸까? 어지럼증은 정확한 원인을 찾아내기도 힘들고 나처럼 만성이 되어버린 경우에는 그냥 감기처럼 받아들이고 살아가라던 한 의사의 말이 떠올라 더욱 서글퍼졌다.

> 삶이 그대를 속일지라도
> 슬퍼하거나 노하지 말아라.
> 슬픈 날엔 참고 견뎌라. 즐거운 날이 오고야 말리니.
> 마음은 미래를 바라느니 현재는 한없이 우울한 것.
> 모든 것 하염없이 사라지나 지나가 버린 것 그리움이 되리니.

10년전 러시아 여행에서 본 푸쉬킨 동상. 그 동상 앞 쓰여진 이 문구에서 처럼 참고 견디면 즐거운 날이 오고야 마는 걸 믿어도 될까?

이 괴로움도 언젠간 그리움이 되어 사라져버릴 수 있을까?

씁쓸하고도 조금은 냉소적인 마음으로 그래도 난 계속되어야만 하는 나의 여행을 위해 다시 짐을 꾸린다.

이유없는 풍요

기다란 배는 흙 빛 메콩강 물살을 가르며 전진하였다. 열대우림으로 우거진 수풀을 조용한 강줄기가 가로지르고 있었다. 그 강줄기를 따라 늘어 선 배 위의 뱃사공들은 관광객들을 태우느라 분주했다.

네다섯 명을 실은 배의 뱃머리에는 노를 젓는 사공이 한 명씩 자리를 잡고 앉았다. 까무잡잡한 피부에 베트남 전통모자인 '논'을 쓴 사공은 나와 눈이 마주칠 때마다 유난히 하얀 이를 드러내며 환하게 웃어주었다.

물살이 그다지 세지 않았기 때문에 노를 저어 앞으로 나가는 것이 쉽지 않아 보였다. 한 번의 노질에 수많은 근육들이 긴장을 해야만 했다. 그럼에도 사공은 힘든 기색 없이 표정이 평온해 보였다. 옷이 땀에 흠뻑 젖도록 노를 젓고 있었지만 일상인 듯 담담하게 노를 잡고 있는 그의 손은 거칠어 보였다.

앞서가는 배에서는 자그마한 체구의 여자 뱃사공이 노를 저었다. 길고 검은 머리를 한 묶음으로 질끈 묶고는 말없이 노를 움직였다. 소매 끝이 낡은 검붉은 색 티셔츠와 바닥이 닳아서 얇아진 조리에 끼워진 거친 발가락이 그녀가 안고 가는 생활의 무게를 짐작하게 했다.

햇빛이 뜨겁게 내리쬐었다. 풍경은 참 평화롭고 고요했다. 이따금씩 불어오는 바람에 커다란 나뭇잎들이 살랑거리며 흔들렸다.

아름다운 풍경을 지나치면서도 나는 그것에 집중할 수가 없었다. 자꾸만 뱃사공들에게 시선이 머물렀다. 그들의 하루가 궁금했고 인생이 궁금했다. 가족은 몇 명일지, 결혼은 했을지, 이렇게 하루 종일 노를 저어 버는 돈은 얼마나 될지, 그들의 희망은 무엇일지가 자꾸만 궁금해졌다.

동남아를 여행하면서 종종 그들의 빈곤을 통해 나의 풍요로움을 본다. 모르고 있다가 새삼스레 알게 된 사실처럼 놀랍기만 하다. 그리고 너무 당연한 듯 내가 누리고 있는 것들에 대해 미안해지기도 한다.

나는 아무것도 한 것이 없는데 그들보다 많은 것을 가졌다.

나는 딱히 착하지도 않은데 그들보다 더 풍요로운 부모를 만났다.

나는 무엇하나 잘하는 것도 없는데 그들보다 편안한 직장을 가졌다.

나는 특별히 잘난것도 없는데 내가 가진 돈으로 그들의 노력을 산다.

나는 여행자이고 그들은 우리 같은 이방인들이 건네는 돈으로 하루를 살아간다.

그들을 보니 내가 엄청난 행운아이며 그들이 갖지 못한 너무 많은 것들을 가졌음을 알겠다. 그것은 약간의 충격이었고 일종의 죄책감이었다.

마음 깊은 곳에서 소리가 들렸다. 내어놓겠다고..

이유 없이 남보다 너무 많이 받았으니 나누며 살아야겠다고..

현실도피 여행

견뎌내기가 힘든 일상이 주어졌을 때 내가 할 수 있는 것은 여행이란 수단으로 현실을 잠시 외면하는 것 뿐이었다.
혼돈과 불안함으로 가득했던 나의 이십대에 그토록 자주 배낭을 꾸렸던 것도 어른으로 단단해져가는 내가 숱하게 흔들렸음을 증명한다.

누군가는 이렇게 말했다. 여행을 좋아하는 사람은 살아가는 일상에서 만족감을 얻지 못하는 부류라고. 그래서 떠나야 그릇을 채울 수 있다고.
슬프고 힘든 사건을 마주할 때마다 나는 떠났지만 해결이 아닌 도피로 상황이 나아지지 않는다는 것을 잘 알고 있다.

흔들리던 이십대 훌쩍 떠난 나는 이런 여행 일기를 남겼다.

17:46

떠나오면 다 잊을 수 있을 것이라 믿었던걸까? 공간의 이동은 마치 시간의 이동처럼 기억을 잊게 만들어 줄 것이라 기대했었던가.

밤하늘에 별이 잘 보이질 않는다. 야경은 아름다웠지만 인공적 아름다움이 밤하늘을 덮어버렸다.

그날 밤...

젖은 눈으로 올려다 보았던 까만 하늘에는 오리온 자리가 유난히 반짝이고 있었다. 그 기억이 마치 채도 높은 새 물감을 새하얀 팔레트에 짜놓은 듯 선명해진다. 겨울의 매서운 바람이 불어와 내 젖은 눈이 더 시려왔던 것 같다.

그런 나로부터 도망치듯 날아온 이곳에선 그때의 밤하늘도 없고 시린 찬바람도 불지 않는다. 다만 씻어내 버리려는 나의 발버둥이 나 자신을 더 초라하게 만드는 것만 같아 육체도 정신도 한없이 땅으로 꺼져버리는 듯한 기분이 든다.

추락하는 나를 겨우 건져 올려 들썩이는 여행지의 화려함에 담궈 넣는다.

사람의 마음이란.. 그래 참 어렵다.

안부

너를 그리워 한지도 벌써 5년이 다 되어 가는구나. 가끔 네가 있는 그곳은 어떤 곳일지 궁금해진단다. 늘 밝은 햇살이 내리쬐고 갖가지 꽃들이 만발하며 산새가 기분 좋게 지저귀는 그런 따뜻하고 평화로운 곳 일거란 생각이 든다.

요즘에는 통 꿈에서도 만날 수가 없어 더욱 네가 그리워지는 날들이구나. 시간은 약이라고 했지만 시간이 지나도 마음 한편이 변함없이 아리네. 아마도 그건 시간도 약이 되어 줄 수 없는 낫지 않을 증상일 것만 같아.

어제 문득 우리가 함께 여행하며 즐거웠던 호주에서의 사진을 꺼내 보았어. 넌 여전히 그 시간 그대로 머물러 있고 나는 시간과 함께 뚜벅뚜벅 앞서 걸어가야만 하는 사람이더라. 사진 속에 환하게 웃고 있는 너를 한참을 바라보았단다. 그때 우린 젊고 즐겁고 행복해 보이더라.

퇴원하면 함께 아이들 데리고 꽃놀이 가자던 너는 결국 그 꽃잎이 다 떨어질 때쯤 홀로 떠나버렸다. 네가 그토록 아끼고 사랑하던 남편과 두 딸을 남겨두고 왜 그리 서둘러 가야만 했는지, 네가 간 그곳은 어디이길래 이 모든 걸 내려놓고 가버려야만 했는지, 대체 넌 지금 어디 있는 건지, 그때 난 묻고 싶은 게 많았지만 너의 영정사진 앞에서 아무 말도 못 하고 자꾸만 흐르는 눈물을 닦아낼 수밖에 없었단다.

네가 떠나기 며칠 전 내 꿈에 나타나 흐드러진 벚꽃처럼 환하게 웃던 그 모습이 너와의 마지막 작별인사가 될 줄 정말 몰랐어. 네가 떠나고 계절은 뭐가 그리도 바쁜지 서둘러 바뀌었단다. 어서 잊으라고 시간은 빠르게 흐르며 날 재촉하는 것만 같더라.

5년이란 세월이 무심하게도 흘러 나도 이제 사십 대에 접어들었구나. 우리의 막내들도 내년이면 학교를 들어갈 만큼 자랐단다. 네가 이뻐서 하루 종일 물고 빨던 너의 막내는 너의 남편을 쏙 빼닮았더구나. 가끔 아이들이 궁금해 눌러본 너의 남편의 sns에는 예쁘고 씩씩하게 자라고 있는 두 딸들의 사진이 올라와있어 안심이 되더라. 그러니 걱정 말고 흐뭇하게 그들 곁을 지켜주기만 하면 될 것 같아.

내 친구 지영아. 여기 우리는 눈물 나게 행복하진 않지만 그래도 하루하루 아이들의 재잘거림에, 추운 겨울을 이겨내고 싹을 틔운 작은 잎사귀에, 가끔 올려다본 푸른 하늘에 소소한 위로를 받고 소박한 행복을 느끼며 잘 살아가고 있단다.

이렇게 시간이 흘러 흘러 언젠가 우리가 다시 만난다면 호주 여행을 함께 했던 그 날, 버스 안에서 소녀처럼 끝없이 재잘거리며 대화를 나누었던 그때처럼 밤을 새우고 이야기하자 꾸나. 그때까지 그곳에서 평안하길..

아침산책

아이들 손을 맞잡고 아침 산책을 나섰다. 리조트 주위를 천천히 걷다 떨어진 꽃잎을 보았다. 어찌 이렇게 말갛고 단아한 모습으로 풀잎에 곱게 누워있을까? 꽃잎은 떨어지면 그 생명을 다한 것과 마찬가진데 이 꽃잎은 마치 절정의 아름다움을 품고 낙하한 듯하다.

모든 자리에서 어떤 상황에서든 나도 아름다울 때 떠날 줄 아는 사람이 되고 싶다.

싱그럽게 이슬을 머금은 꽃잎 하나가 내게 인생을 가르친다. 아침 산책에서 만난 꽃잎도 푸르게 펼쳐진 하늘도 길가에 흐트러진 작은 돌멩이 하나도 모두 여행에서 만난 인생 스승이다.

혼자되는 용기

시드니의 한 버스터미널에서 우리는 눈이 벌겋게 되도록 부둥켜안고 한참을 울었다. 너는 상행선, 나는 하행선, 트로트의 가사 구절처럼 두 달 동안 함께 여행하던 친구와 작별을 하고 각자의 노선대로 떠나는 날이었다.

해외여행이 처음이었던 우리는 한 달이 넘어가던 즈음 지독한 향수병에 시달렸다. 지금이라면 그런 장기여행은 하고 싶어도 하지 못하는 일이라 하루하루 흘러가는 것이 아까웠을 것이다. 행복한 이 상황을 온 감각으로 즐겼을 것이다. 하지만 그때 우리는 너무 어렸고 나약했다. 온전히 그 시간 속에 즐겁게 머무르지 못했다.

6개월 동안 계획하고 간 여행이었지만 시간이 지날수록 언제쯤 돌아가는 것이 조금 덜 실패자 같을까 하는 생각에 날짜만 고르고 있었다.

사실 멀쩡히 잘 다니고 있던 대학을 갑자기 그만두고 견문을 좀 넓혀보리라 주변에 큰 소리 떵떵 치고 나온 터라 집이 그립다는 이유로 일찍 귀국하기에는 나 스스로도 자존심이 많이 상하는 일이었다.

인터넷을 쉽게 쓰기 힘들고 여행 책자 하나에 대부분의 정보를 기대해야만 했던 그때의 여행은 지금 하는 여행보다 난이도가 몇 배는 높은 일이었다. 인터넷 예약 시스템은 그 당시 먼 미래의 일이었다. 매일매일 당장의 숙소 해결이 가장 큰 문제였고 우프(Wwoof)라는 농장체험 프로그램을 통해 여행을 하고 있었지만 사람을 구하는 곳, 그것도 동시에 두 명의 여자를 구하는 농장을 찾아내기란 결코 쉬운 일은 아니었다.

그때 우린 여행을 한다기보다 서바이벌 게임에 참여한 사람들 같았다. 하루하루 타지에서 무사히 살아남기 위한 매일의 몸부림은 편안한 집 놔두고 나와 고생하고 있는 우리에게 향수병이라는 치명적인 병에 걸리게 했다.

결국 친구는 두 달을 채우고 두 손을 들었다. 귀국행 비행기

표를 예약하고 난 뒤부터 친구의 얼굴은 한결 편해 보였다. 그와 동시에 곧 혼자될 나는 전보다 더 몸도 마음도 경직되어 갔다.

친구의 귀국 전날 나는 내가 먼저 다른 도시로 떠나기로 했다. 돌아가는 친구를 보내 줄 자신이 없었다.

캔버라행 버스표를 끊고 버스에 오르기 전 우리는 나란히 마주하고 섰다. 아무 말이 없다가 둘 다 동시에 눈물이 터져 버렸다. 사연 많은 여자들처럼 버스정류장에서 엉엉 소리 내서 울었다.

그동안 인생의 첫 번째 큰 도전을 함께 해냈기에 무어라 말이 필요 없었다. 눈빛만 보아도 서로의 마음이 전달되었다. 버스에 오른 나는 차장 밖에서 눈물을 훔치며 웃고 있는 친구에게 손을 흔들었다.

버스는 시드니 시내를 벗어나 사방이 탁 트인 평야를 가로질러 달려 나갔다. 버스 안으로 아침 햇살이 기분 좋게 쏟아져 내렸다.

이제 나는 철저히 혼자가 되었다. 생각해보니 나는 어쩌면 혼자가 익숙한 사람이었다. 잠시 그걸 잊고 살아오다 이렇게 완벽히 혼자로 남게 되니 늘 혼자였던 기억이 되살아났다.

어린 시절 아장아장 걷던 나를 맡길 데가 없자 교사였던 엄마는 나를 운동장에 혼자 풀어놓고 놀게 했다. 엄마는 창문을 열어두고 내가 잘 놀고 있는지 마음 졸이며 수업시간 내도록 불안하셨을 거다.

하지만 그때 나는 텅 빈 운동장에서 혼자 잘 놀았다고 한다. 밑이 트여 소변이 마려우면 살짝 쪼그려 앉기만 하면 되는 아이디어 상품인 바지를 입고서 언니 오빠들의 공부가 끝날 때까지 넓은 운동장을 뛰어다녔다.

초등학생이 되었을 땐 함께 놀던 친구들이 집으로 모두 돌아가 버리고 놀이터에서 혼자 철봉에 매달려 노는 날이 잦았다. 내 팔이 길어진 것도 아마 그때 종일 철봉에 매달려 있었기 때문 일 것이다. 그렇게 매일 엄마가 올 때까지 원숭이처럼 철봉에 매달려 시간을 보냈다.

나의 어린 시절은 혼자일 때가 많았다. 그땐 어려서 외로움이라는 감정도 몰랐다. 그냥 혼자인 시간이 많았기에 원래 다들 그렇게 사는구나 했다.

캔버라행 버스에서 내 인생의 홀로 된 시간들을 떠올렸다. 그리고 홀로 남은 지금 다시 홀로 됨에 대해 생각했다.

남아있는 '혼자 하는 여행'을 위해 나는 용기를 조금 더 장착해야만 했다.

방금 전까지 친구와의 작별에서 눈물로 약한 마음을 적셨지만 이제부터 조금 더 단단해져야 했다. 어린 날 씩씩하게 홀로됨을 견뎌냈듯이 말이다. 용기있게 그리고 즐겁게 남은 여행을 이어나가자고 스스로를 다독였다.

아침 햇살을 잔뜩 실은 버스가 시원스레 길 위를 달려나갔다.

부부에서 가족으로

남편과 나는 물과 기름 같았다. 달라도 어쩜 이렇게 극과 극으로 다를 수 있는지 신기할 따름이었다. 식성, 취향, 사고방식, 가치관 등 하나에서 열까지 비교해도 어느 하나 일치점을 찾기가 힘들었다.

그런 우리가 하나가 되어보겠다고 만나 결혼을 하고 한집에서 살아간다.

하지만 물은 물의 영역에 기름의 침범을 허용치 않았고 기름 또한 자기만의 고유 성질을 버리길 거부했다.

그래서 결혼 초기, 부단히도 상충하고 부딪혔다. 남편이 이해를 많이 해 주었지만 온전히 내가 이해받았다는 느낌이 들지 않았기에 나는 불만스러웠다.

결혼 전 나는 배우자와 함께하는 행복한 여행을 꿈꿔왔었다. 배낭 하나씩 둘러맨 채 손잡고 전 세계를 누비는 범상치 않은 부부들을 보면서 나 또한 그런 특별함에 속하고 싶었다.

하지만 그 꿈은 이미 신혼여행에서부터 이루어질 수 없음을 깨달았다. 장시간 비행 또한 여행의 일부이기에 즐겁고 신나는 일이라 여기는 나와는 달리 남편은 좁은 공간에 몸을 구겨 넣고 10시간 넘게 견뎌야 한다는 사실을 고행이라 여겼다.

여행을 즐기는 스타일 또한 너무도 달랐다. 낯선 것이 즐겁고 신나는 나와 익숙하고 편안한 것만 찾는 남편 사이에는 이해할 수 없는 크나큰 벽이 가로막혀 있었다.

그리스 신혼여행에서 남편은 줄곧 한국 음식을 찾았고 3일째 되던 날부터 김치찌개가 먹고 싶어 집에 가고 싶다고 징징대기 시작했다. 깊은 고린내를 풍기는 치즈 듬뿍 파스타도, 담백하고 고소한 그리스 전통 음식 수블라끼도 내겐 별미 중의 별미였는데 말이다.

여행은 어디를 가느냐도 중요하지만 누구와 함께 가는가가 재미의 반을 담당한다. 내가 즐거워할 때 옆에 있는 이도 함께 장단을 맞춰주면 그 즐거움은 배가 된다. 맛있는 음식도 함께 엄지 척하며 감탄을 공유해야 더 맛있어지는 법이다.

그런 의미에서 남편은 나의 여행 메이트로는 그다지 좋은 상대는 아님이 분명했다.

사실 여행에 있어서 만큼은 난 이 결혼에 속았다고 말하고 싶다. 연애 시절 내가 여행에 대한 애정을 듬뿍 담아 침 튀기며 예찬을 할 때 남편도 이야기를 들으며 흥미로움을 내비쳤다. 여행을 다녀와서 늘어놓는 여행담도 눈을 반짝이며 재미있게 들어주며 본인도 동참하고 싶다는 의사를 밝히기도 했었다.

오토바이를 좋아했던 남편은 시간이 날 때면 오토바이를 타고 훌쩍 떠나는 자유로운 방랑자의 모습을 보여주기도 했다.

결혼을 앞두고 오토바이에 텐트를 싣고 서해 쪽을 일주하는 모습을 보며 이 오토바이 여행자라면 나와 여행의 박자를 맞출 수 있을 거라 생각했다.

하지만 그 모습이 어이없는 함정이었다는 것을 알게 된 건 결혼 후 얼마 되지 않아서였다. 위험하다는 이유로 나의 요청에 오토바이를 팔고 난 뒤 그의 태도는 180도 달라졌다.

오토바이를 타고 돌아다니는 것을 좋아하던 예전 모습과는 달리 그는 집에서 무협지를 보거나 골프 티브이를 보며 누워 있기를 더 좋아했다.

여행을 좋아한 것이 아니라 그저 오토바이가 좋아서 돌아다녔을 뿐이라고 했다.

'아~! 속았구나!!'

그래도 남편은 여행 쟁이 아내를 위해 비록 좋아하지 않는 여행이지만 짐꾼으로 기꺼이 나서 주었다. 짐꾼 이외의 아무런 역할을 하지 않았지만 그래도 혼자 아이 둘을 감당하기엔 벅찬 여정이었기에 존재만으로도 큰 도움이 되어주었다.

하이난 여행에서의 일이다. 저녁 식사를 마치고 리조트로 들어온 남편은 컨디션이 좋지 않다며 일찍 잠자리에 들었다. 다음 날 아침 조식을 먹기 위해 남편을 깨웠으나 남편은 일어나지를 못했다.

이마를 짚어보니 열이 펄펄 끓고 있었다. 비상약은 아이들 것만 챙겨갔던 터라 아이들의 시럽 해열제를 먹여보았으나 열은 쉽게 떨어지지를 않았다.

덜컥 겁이 났다. 타지에서 아픈 남편이 걱정되어 아무것도 생각할 수 없었지만 철없는 아이들은 리조트 방에서 나가 여행을 즐기길 원했다.

하는 수없이 아픈 남편을 리조트 방에 홀로 남겨두고 나는 아이들을 양손에 붙잡고 나갈 수밖에 없었다. 아이들은 즐거웠지만 내 마음은 온통 앓아누운 남편에게 가 있어 편하지가 않았다.

남편은 며칠을 방에서 홀로 끙끙 앓다 귀국하는 날 겨우 열이 내려 몸을 추스를 수가 있었다.

그런 남편을 보며 괜히 억지스럽게 끌고 왔나? 너무 하기 싫은 걸 해서 저렇게 몸이 반응한 건가? 하며 나의 고집스러움을 반성했다.

함께 즐거워하지 않고 함께 신나 하지 않는 남편이 늘 못내 못마땅하고 불만스러웠다. 나처럼 여행을 즐기지 않는 남편을 보며 도무지 이해가 되지 않는다며 고개를 저었다.

하지만 남편은 내키지 않는 여행길에 항상 따라와 주었고 그때마다 본인의 스타일대로 여행을 즐기고 있었을지도 모른다.

그저 내 방식이 아니라서, 내 기대에 미치지 못함에 그의 노력을 읽어내지 못한 것이 그제야 보이기 시작했다.

올해 우리는 한배를 탄 지 십 년이 된다. 살면 살수록 다름이 더욱더 선명해지지만 이제는 그것을 나누는 선에 집중하지 않기로 했다.

강산이 변한다는 십 년 동안 서로의 다름을 받아들이기가 버거울 때도 있고 이해라는 단어조차 질려버린 때도 있었다. 이해를 넘어서 포기가 마음을 채울 때면 한없이 서글퍼지기도 했었다.

하지만 그런 투닥거림들은 이제 서로에게 어느 시점에서 아픈 말을 그만두어야 하는지를 알게 했고, 다투더라도 상대에게 해서는 안 되는 금기 단어집도 만들어냈다. 서로의 분노 포인트를 제대로 파악했고 그래서 관계 유지를 위해 절대 그 부분은 건드리지 않는 노력을 한다.

물과 기름은 이제 억지로 섞이려 들지 않고 서로의 고유영역을 함부로 넘으려 하지 않는다. 음식도 영화도 여행도 각자의 스타일대로 존중하고 이해하려고 한다.

물론 가끔 남편은 눈감고 꾸벅거리더라도 나와 함께 뮤지컬 공연을 보러 가기도 한다. 나 또한 보고 나면 하나도 기억나지 않는 마블 히어로 영화를 남편과 함께 나란히 앉아 보기도 한다. 세월은 우리 부부에게 인정과 노력에 대한 보상을 해주었다.

이제 우리는 부부에서 진짜 가족이 되어 간다.

낡은 아기띠

아이와의 여행에서 유모차와 아기 띠는 여권만큼 중요한 필수항목이다. 특히 밤 비행기를 선택했다면 더욱 그렇다. 입국수속을 기다리다 지친 아이는 물에서 건져 놓은 것 마냥 축 늘어져 세상 모르고 잠이 들었다. 유모차는 바로 그 순간 없으면 안 될 머스트 해브 아이템으로 빛을 발한다.

요즘은 기내에 들고 들어갈 수 있는 휴대용 유모차도 많고 탑승구 바로 앞에까지 아이를 눕혀놓았다가 비행기에 오르기 직전에 수화물로 부칠 수 있는 door-to-door 시스템이 잘 되어있다. 아이를 데리고 여행하기가 무척 편리해졌다.

아기 띠는 그야말로 내게 두 손을 자유롭게 하는 은혜로운 물건이었다. 아무리 각국의 산해진미가 눈앞에 펼쳐져도 식당에서 잠이 들어버린 아이를 안고 그 음식들을 즐기기란 여간 힘든 것이 아니다. 아기 띠를 이용해 아이를 등짝에 달랑 붙인 채로 조금은 자유로운 식사시간을 즐길 수 있었다.

어디 그뿐이랴. 보폭이 작고 느린 아이와 대중교통을 이용해야 할 때도 마찬가지다. 아이가 내가 맨 아기띠 속에 업히면 배낭을 하나 맨 것처럼 편하다. 아이와의 여행 기록이 늘어날수록 아기 띠는 색이 바래고 너덜너덜 낡아졌다.

지난 주말 봄맞이 대청소를 하다가 낡은 아기 띠를 창고에서 발견하였다. 아이들은 이제 훌쩍 커버려 더 이상 아기 띠 없이도 함께 여행을 즐길 수 있는 나이가 되었다. 식당에서 칭얼대는 일도 없고, 공항에서 졸리면 의자에 누워 쪽잠을 잘 줄도 안다. 어릴 적부터 자기 캐리어는 본인이 스스로 끌도록 한 덕에 알아서 짐을 챙기고 엄마 손이 부족해 보이면 그 짐을 덜어주기도 한다. 더할 나위 없이 완벽한 나의 여행 파트너가 되어가고 있다.

또래보다 몸집이 작은 편인 우리 집 둘째는 올해 일곱 살이다. 내가 창고에서 꺼내 든 아기 띠를 보자마자 진흙 속에서 진주라도 발견한 듯 우와~! 하고 함성을 질렀다.

그때부터 아이는 틈만 나면 아기 띠를 가져와 내 허리에 둘렀다. 설거지를 하고 있으면 뒤에서 아기 띠를 허리춤에 채웠다. 심지어 티비를 보려고 쇼파에 비스듬히 누워 있을 때도 무거운 내 허리 밑으로 아기 띠를 넣어 채워 보려 온갖 용을 썼다. 이제 너무 커버려 아기 띠가 맞지 않다고 몇 번을 말하며 달래 보았지만 아이는 막무가내였다.

하는 수 없이 그럼 되는지 안되는지 딱 한 번만 업어보자고 했다. 허리춤에 아기 띠를 딸깍 두르자 아이는 양껏 들뜬 표정으로 내 등에 뛰어올랐다.

어깨끈을 조여 매고 거울을 보았더니 오랜만에 내 등 뒤에 찰싹 붙어있는 아이가 보였다. 마음이 몽글거렸다. 아이들과 함께 힘들고 즐거웠던 시간들이 내 등에 고스란히 촉감의 기억으로 남아있었다.

커버린 덩치 덕에 아기 띠가 엉덩이 조금 위쪽까지 밖에 감싸질 못했지만 그 좁은 아기띠 속에라도 들어가 보려고 온몸을 웅크리고 있는 아이를 보자 피식 웃음이 나왔다.

오늘 아이는 아기 띠를 보며 포근하고 안전한 엄마 등에 매

달려 온갖 세상 구경을 했던 즐겁고 따뜻한 기억을 떠올렸을 것이다. 아이는 추억 속의 그 시간을 만난 듯 세상 편안한 표정으로 이내 내 등에 기대어 잠이 들었다.

두려움과 용기 사이

'Mummy' 라는 표지판을 보자 아이는 크게 흥분하며 소리쳤다.

"엄마! 저기 있어! 젤 무섭다는 그거! 얼른 가보자!"

싱가포르 유니버셜 스튜디오에서 가장 무섭다는 놀이기구를 큰 딸아이는 꼭 타보고 싶어 했다. 놀이기구라면 질색인 나는 트럭 뒤에 실린 유아용 바이킹을 타면서도 긴장한 탓에 손에 쥐가 내렸던 사람이다. 그런 내 손을 잡아끌며 아이는 걸음을 재촉했다.

'Mummy' 라는 간판 뒤로 어두운 피라미드 속으로 이어지는 입구가 보였다. 워낙에 인기가 많은 놀이기구라 대기시간이 80분이라 적혀있었다. 롤러코스터는 9살 아이의 로망이었기에 눈 질끈 감고 아이 손을 잡고 입장하였다.

입구에 들어서자 피라미드 내부를 재현한 듯한 장소가 이어졌다. 음산한 음악이 흐르고 어둠 속에 횃불 모형의 불빛이 일렁거렸다.

어릴 적 모험 영화 '구니스'를 테이프가 늘어지도록 보고 또 봤었다. 그런 나의 유전자를 그대로 물려받은 큰 아이는 역시 모험 이야기를 좋아했다.

"엄마. 좀 무섭지만 이런 분위기 너무 좋아!"

그때까지는 나도 흥미롭고 재미있었다. 한참을 들어가니 좁은 길목에 대기 줄의 끝으로 보이는 사람들이 나타났다. 그때부터 기다림이 시작되었다.

통풍이 되지 않는 피라미드 내부엔 사람이 꽉 들어 차 있었다. 한 시간이 지나가자 아이는 지친 기색이 역력했다. 땀으로 젖은 온몸이 잠시 앉아 쉴 공간도 없이 앞 사람과 다닥다닥 붙어 서 있어야만 했다.

입장 전 모든 소지품은 락커에 맡겨두어야 했기 때문에 목을 축일 물조차 들고 오지 못한 상태였다. 금방이라도 쓰러질 것만 같은 표정으로 서 있던 아이는 나와 눈이 마주치면 이내 괜찮다는 듯 웃어 보였다. 너무 힘드니 나가자고 할까 봐 그게 더 두려운 것 같았다.

한참을 지나 줄이 조금씩 앞으로 당겨졌다. 저 멀리서 비명소리가 들려왔다. 탑승 장소가 다가오자 온갖 무시무시한 경고문구가 눈에 띄었다. 아이는 비명소리에 잠시 망설이는 듯했다. 오래전부터 타보고는 싶었지만 정작 놀이기구에 오를 시간이 다가오니 너무 떨린다고 했다. 너무 무서우면 그냥 다시 나가자고 했지만 아이는 순간 머뭇거리다 다시 비장한 얼굴로 기다린 게 너무 아까우니 타보겠다고 했다.

드디어 우리 차례가 눈앞에 다가왔다. 탑승 전 제한 키를 재는 곳이 있었다. 탑승 가능한 키는 130cm 이상이었다. 아이는 130cm가 되려면 3cm 정도가 모자랐다. 직원이 고개를 갸웃거리며 다시 바로 서보라고 했다. 아이는 척추를 양껏 늘이고 뒤꿈치를 살짝 들어 올렸다. 직원이 그 모습을 보고 피식 웃으며 놀이기구에 오르라고 눈짓했다.

탑승. 용감하게 맨 앞자리로 달려가는 아이를 미처 말릴 사이도 없었다.

심장이 너무 세게 뛰어 가슴을 뚫고 나올 것만 같았다. 아이도 마찬가지인 듯 내 손을 꼭 잡았다.

놀이기구가 서서히 출발했다. 중간중간 미이라가 벌떡 일어나고 전갈들이 떼 지어 지나갔다. 실감 나는 장치들이었다.

마치 내가 인디아나 존스 주인공이 된 듯한 착각이 들었다.

놀이기구는 작은 철문 앞에 철컥하고 멈춰 섰다. 몇 초간 어둠 속에 긴장이 흘렀다. 갑자기 철문이 활짝 열리더니 무언가가 우리가 탄 기구를 향해 돌진해왔다. 그리곤 엄청난 속도의 후진. 잠시 멈춰 선 찰나 정신을 차리려 하는데 놀이기구는 아무것도 보이지 않는 검은 세상으로 곤두박질치며 하강했다. 그때부터 위로 아래로 급회전과 360도 회전을 반복하며 깜깜한 어둠 속을 내달렸다. 마치 고삐 풀린 성난 말을 타고 있는 것 같았다. 아무것도 보이지 않는 어둠이라 공포감이 배가 되는 듯했다.

기구는 한참을 달리더니 탕하고 급정거를 하며 탑승 장소였던 곳에 멈춰 섰다.

울렁거리는 속과 벌렁벌렁 거리는 심장을 부여잡고 급히 아이를 바라보았다. 아이는 반쯤 혼이 나가 있었다. 눈은 살짝 풀리고 입을 헤 벌린 채 숨만 몰아쉬었다.

걱정스러운 마음에 아이 이름을 불렀다. 그랬더니 아이는 나를 천천히 쳐다보더니 엄마..라고 작은 목소리로 나를 불렀다. 내가 얼굴을 쓰다듬자 그제야 눈동자에 총기가 돌아오면서 외쳤다.

"엄마! 너~~무 재밌어! 우리 한 번만 더 타자!"

어둠 속에서 극심한 공포를 느끼는 와중에도 사실 아이가 너무 걱정이 되었다. 정신을 잃은 건 아닌지 그 엄청난 스피드와 두려움을 저 작은 심장이 견뎌낼 수 있을까 하는 생각이 들었다.

엄마의 괜한 기우를 비웃듯 아이는 출구로 나오는 내내 그 3~4분 동안 얼마나 짜릿하고 신났었는지 연신 감상평을 늘어놓았다.

나는 걱정이 조금 많은 엄마다. 아이들이 다칠까 봐 아플까 봐 늘 노심초사이다. 걱정이 많은 엄마 밑에서 자란 아이들은 많은 경험의 기회들을 그 걱정에게 빼앗겨 버린다. 그래서 우리 아이들은 무언가 새롭게 도전하는 것을 조금 망설이고 두려워하는 경향이 있다. 엄마 품 밖의 세상은 무서운 곳이라 망설여지는 것이다.

하지만 다행스럽게도 여행지에선 걱정 많은 엄마도 겁쟁이 아이도 조금씩 느슨해진다. 여행지까지 와서 하지 마라, 안된다라는 말을 연발하며 아이들의 기분을 망칠 순 없다는 게 그나마 나 스스로 찾은 합의점이다. 그래서 아이들은 여행지에선 조금 더 새로운 경험을 접하기가 수월하다.

여행을 통해 아이는 조금씩 자신감을 가졌다. 미숙한 영어

실력이지만 음식점에서 스스로 주문을 해보고 평소 다가가지도 못하던 동물을 쓰다듬어보고 부끄러움을 무릅 쓰고 지나가는 사람에게 길을 물어보기도 했다.

반복되는 작은 성공으로 자신감을 찾아가는 아이의 모습을 보며 나도 이제 걱정은 조금 내려놓기로 했다. 아이는 엄마의 걱정이 아닌 잘할 수 있을 거란 믿음과 지지로 커간다는 것을 깨닫는다.

두려움과 용기 사이 어딘가에서 망설이고 있는 아이를 용기 쪽으로 한 뼘 슬쩍 밀어주는 것. 엄마의 은근한 응원으로 아이는 성장한다.

엄마는 누군가가 그립다

큰아이가 18개월이 되던 때, 내 안엔 주체할 수 없는 감정들이 뒤섞여 혼돈 속에 끓고 있었다. 뚜껑을 열어주지 않으면 금방이라도 흘러넘쳐버릴 것만 같았다.

아이는 이제 혼자 원하는 곳으로 두 발을 이용해 위치 이동이 가능하게 되었다. 그 속도는 어른이 따라가기에 너무도 빨랐다. 예측되지 않는 동선은 늘 나를 긴장 속에 살게 했다.

본인의 의지가 생기고 떼를 쓰면 원하는 바를 가질 수 있다는 사실을 알게 된 이 작은 아기는 하루 종일 내 기분을 통째로 쥐어 들고 흔들어 댔다.

깜깜한 밤이 되면 동화책 이야기처럼 달님도 쿨쿨, 아기 양도 쿨쿨, 꽃들도 쿨쿨하고 잠을 자는 시간이었지만 우리 아기는 쿨쿨은커녕 빽빽 울어대기 바빴다. 낮에도 밤에도 두 시간

이상 잠을 못 이루기를 두 해째. 숙면을 빼앗겨버린 나의 몸과 마음은 모두 정상이 아니었다.

의지는 생기고 그 의지를 전달할 언어라는 도구가 아직 이용 불가능한 아이는 결국 울음으로 그것을 표현했다. 서른이 넘도록 겪여 보지 못한 극한의 역할이었다. 무엇하나 내 마음대로 되는 것이 없다는 것을 이 작은 생명체를 통해 깨닫게 되었다.

아침에 출근하는 남편을 보내고 아이와 단둘이 하루 종일 시간을 보냈다.

시간이 지날수록 내가 점점 사라져 가기 시작했다. 처음엔 색이 점점 옅어지더니 그 다음엔 실루엣만 남다가 결국엔 투명인간처럼 내가 보이지 않았다. 이 공간엔 오로지 하루 종일 울어대는 아이만 있는 것 같았다.

잠시 아이가 눈을 붙인 시간엔 그 곁에 앉아 우두커니 벽을 보며 시간을 보냈다. 고요해진 방안에 햇살이 들어왔다. 몇 개의 먼지가 둥둥 떠다니는 것을 멍하게 바라보았다. 머릿속이 멈춰버린 듯했다. 그러다 가끔 눈물이 나기도 했다.

더 이상 이대로는 안되겠다고 생각했다. 나 자신이 느껴지지 않는 시간을 보내는 것이 견디기 힘들었다.

나의 존재를 느끼기 위해서는 내가 제일 좋아하고 잘하는 것을 해야겠다는 생각이 들었다.

그래서 괌 비행기 티켓을 끊었다. 그게 무엇이 되었든 뭐라도 지금보다는 조금 나아지기를 바라는 마음으로 떠났다.

하지만 아이는 순순히 내가 나아지기를 허락지 않았다. 비행기 안에서부터 아이의 훼방은 시작되었다. 이륙 전 혹시 아이가 울까 봐 뽀로로 장난감과 사탕으로 미리 관심을 끌었지만 정작 비행기가 공중에 뜨자 아이는 귀가 아팠던 것인지 그 부양의 느낌이 불안했던 것인지 막무가내로 울어대기 시작했다.

옆 승객들의 따가운 눈초리를 받으며 난 어쩔 줄 몰라하며 아이를 어르고 달래 보았다. 하지만 계속된 울음에 승무원이 마지못해 우리 곁으로 다가왔다. 다른 승객들에게 방해가 되니 승객이 없는 앞쪽 일등석으로 옮겨달라고 했다.

안기지 않으려고 몸을 뒤로 뻗대며 울어대는 아이를 억지로 둘러업고 우리는 일등석으로 쫓겨났다.

일등석의 좌석은 참 편안해 보였다. 의자 간 간격도 넓어 발 뻗고 잘 수 있는 편안한 곳이었다. 하지만 나에겐 그저 그림의 떡일 뿐 일등석 편안한 의자에 엉덩이도 한 번 붙여보지 못하고 나는 4시간 동안 아이를 안고 괌까지 입석으로 날아갔다.

비행기에서 진을 다 빼버리고 숙소에 도착해 쓰러지듯 잠들었다. 밤사이 아이는 바뀐 잠자리 탓에 또 한 번 울고불고 난리를 친 뒤 새벽이 다되어서야 잠이 들었다. 몇 시간 잠시 눈을 붙이고 습관처럼 이른 아침 눈을 떴다.

열어 젖힌 커튼 너머로 보이는 에메랄드빛 바다는 환상적이었다. 내 눈앞의 비현실적이게 아름다운 풍경에 울컥 감정이 북받쳤다. 여느 때처럼 자고 있는 아이 옆에 앉아 멍하니 바라보던 풍경과는 너무나 달랐다.

아무것도 하지 않고 아무것도 먹지 않고 그냥 이 환상적인 자연만 하루 종일 바라보고 있어도 그동안 내 마음속에서 나오지 못해 안달이던 그 모든 감정의 찌꺼기들을 다 뱉어낼 수 있을 것만 같았다.

새로운 것을 받아들이고 익숙해지는 데 시간이 많이 걸리는 유형의 아이들이 있다. 우리 아이가 그랬다.

바다도 무섭고 싫고 차가운 수영장 물도 싫고 낯선 곳의 푹

신한 침대도 다 싫다고 했다. 그 좋은 바다를 앞에 두고 호텔로 들어와 욕조에 물을 받아 달라고 떼를 썼다. 따뜻한 물이 가득 담긴 욕조에서 아이는 한참을 좋아라 첨벙거리며 놀았다.

뜨거운 햇볕이 내리쬐는 정원도 싫다 하여 호텔 복도에서 잡기 놀이를 수만 번 반복하며 깔깔거렸다.

남편은 이럴 거면 굳이 괌까지 왜 이 고생을 하러 왔는지 모르겠다고 했다. 우리 집 욕조에 물 받아 놀고 놀이터에서 잡기 놀이를 했으면 훨씬 편하고 저렴했을 거라고.

비록 생떼 쟁이 18개월 아기와의 해외여행은 나와 남편에게 온갖 고생에 고생을 더해주었지만 나는 한 치의 후회도 없었다. 왜냐면 이제야 내 숨통이 조금 트였기 때문이다.

그때의 나는 사람이든 자연이든 어떤 대상과의 소통이 간절했던 거다. 일방적인 혼잣말이 아닌 누군가와의 소통이 하루 종일 그리웠다. 그래서 저녁이 되면 눈이 빠지도록 퇴근길의 남편을 기다렸고 매번 말라 죽이는 식물들을 그렇게도 사들였던 것 같다. 파도도 바람도 저녁노을도 이 곳 자연들은 함께 있으면 내게 말을 걸어주는 것 같아 그걸로도 좋았다.

누군가의 손이 하루 종일 필요한 아이를 키우는 엄마. 그 시기의 엄마들은 참 외롭다. 그 기간 동안은 세상과 단절되고 자의식도 희미해진다. 그래서 자신을 돌볼 여력이 없다. 어떤 대상이라도 붙들고 쌍방의 소통을 갈망한다.

괌 공항에서 아기 띠에 아이를 매달고 서서 밤 비행기를 타기 위해 기다리는 많은 엄마들을 보았다. 어떤 사람들은 뭐하러 저렇게 사서 고생을 하느냐고 생각할지도 모른다.

하지만 나는 그들의 마음을 충분히 안다. 우리가 아직 아무것도 알지도 못하는 아이들을 힘들게 둘러업고 이 먼 고생길을 마다하지 않은 이유를 말이다. 엄마들도 엄마이기 이전에 자아를 지키고 싶은 한 사람인 것이다.

사라져 가는 자신의 존재감을 붙들기 위한 최후의 노력이자 발악은 뻔한 고생도 감내 한다.

엄마들은 그 시절 참 외롭다.

똥의 변신

"엄마! 진짜야? 오늘 정말 코끼리 똥을 만지러 간단말이야? 또~옹?"

엘리펀트 푸푸로 가는 그랩 택시 안에서 큰 아이는 믿기지 않는다는 듯 묻고 또 물었다. 그렇다고 답하자 아이들은 고함을 지르며 토하는 시늉을 하는 등 유치하고 과한 리액션을 멈추지 않았다.

"코끼리는 풀만 먹기 때문에 똥을 끓여서 말리면 냄새도 나지 않고 그렇게 더럽지 않대."

나의 설명에도 아이들은 똥 씹은 표정으로 고개를 갸우뚱할 뿐이었다. 대체 더러운 똥으로 무얼 만들 수 있을 거냐며 오늘의 목적지를 탐탁지 않아했다.

삼십 여분을 택시로 달려 한적한 곳에 위치한 엘리펀트 푸

SH
H
GU

푸에 도착했다. 이 곳은 코끼리 똥을 직접 끓이고 건조하여 종이로 만든 다음 다양한 D.I.Y 활동을 할 수 있는 곳이었다.

입구에 도착하자 귀여운 글씨의 elephant poopoo 간판이 우리를 맞았다.

사방으로 초록이 가득한 이곳에는 아기자기한 코끼리 관련 인형들과 생활용품들이 전시되어 있었다.

오늘의 활동을 도와줄 가이드가 싱그러운 웃음으로 인사하며 다가왔다. 먼저 아이들에게 똥에 대한 거부감을 없애기 위해 똥으로 만든 종이를 만져보게 하였다.

종이는 우리나라의 한지 같은 느낌이었다. 아이들은 코를 킁킁거리며 냄새를 맡았다. 의외로 냄새도 나지 않고 부드러운 종이의 감촉이 좋았는지 더럽다고만 느껴오던 똥에 대한 혐오감을 조금씩 내려놓기 시작했다.

코끼리의 몸집만큼 똥의 크기도 엄청났다. 축구공 만한 것은 기본이었고 그보다 더 큰 것도 있었다.

커다란 가마솥에 그 똥들을 넣어 기다란 국자로 저어보았다. 종이가 만들어지는 첫 단계였다.

여기 오기 전 더러운 똥을 절대 만지지 않겠다고 선언했던 아이들은 서로 저어 보겠다며 난리법석이었다.

이렇게 코끼리 똥을 끓여 흐물흐물해지면 각종 재활용 종이와 물감 등을 섞어 알록달록한 덩어리로 만들어 놓는다. 예쁜 색의 똥 덩어리를 넓은 종이 틀에 얇게 펴준 뒤 물에 넣어 살살 흔들어 준다. 그런 다음 햇볕에 말리면 냄새는 사라지고 섬유질만 남은 고운 색의 종이 한 장이 만들어진다.

이 모든 과정을 아이들이 직접 체험해 볼 수 있도록 되어있었다. 체험하는 과정에서 아이들은 지금 자기가 코끼리 똥을 만지고 있다는 사실조차 까맣게 잊은 채 열심이었다.

체험의 마지막 코스는 좋아하는 색깔의 종이를 골라 원하는 물건을 만들고 꾸미는 활동이었다. 다이어리, 필통, 거울, 열쇠고리 등 만들 수 있는 종류가 많았다.

우리는 여권 케이스를 만들어 보기로 하고 재료를 골랐다. 무더운 날씨에 이마의 땀방울이 송골송골 맺히는 것도 모른 채 아이들은 집중해서 열심히 작품 활동을 했다. 각자의 여권에 본인이 만든 알록달록 예쁜 케이스를 입히고 기념사진을 찍었다. 똥이라면 질색을 하던 아이들의 손에 스스로 만든 멋진 결과물이 하나씩 들려있었다.

틀에 박힌 아이들의 생각을 밖으로 끄집어 내주고 싶었다. 그래서 아이들이 제대로 걷지도 못할 때부터 둘러업고 비행기를 탔다. 어떤 사람들은 아무것도 기억하지 못할 나이에 뭐 하러 고생스럽게 아이들과 여행을 다니느냐고 핀잔을 주기도 하였다.

내가 여행을 통해 아이들에게 기대한 건 지식 축적이나 남들이 안 해 본 특별한 경험이 아니다.

아이들은 어리면 어릴수록 오감을 통해 세상을 배워간다. 아이가 다녀온 장소가 어디였는지 먹었던 음식의 이름이 무엇이었는지를 기억하는 것은 전혀 중요하지 않다. 여행의 그 순간순간 느꼈던 기분, 처음 혀끝에 닿이던 새로운 미각, 여행지에서 보았던 가족들의 행복한 미소. 이 사소한 행복의 찰나들이 아이의 머리가 아닌 가슴에 고스란히 저장될 것임을 믿는다. 그것들은 성인이 될 때까지 어쩌면 평생 마음속의 따뜻한 모닥불이 되어 줄 수 있을 것이다.

엘리펀트 푸푸를 찾아갈 때와는 달리 돌아오는 차 안에서 아이들은 신나고 들떠있었다. 각자의 품속에 코끼리 똥으로 만든 알록달록 예쁜 작품들을 하나씩 꼭 안고서 행복한 추억을 그려갔다.

어리석은 기대

유치원 신발장. 아이들이 벗어놓고 간 앙증맞고 새하얀 실내화들이 옹기종기 줄지어 모여있다. 그 속에 유난히 눈에 들어오는 작은 운동화 한 켤레.

엄마가 오기를 기다리고 기다리다 해가 산 넘어 기울고 난 뒤에야 그 작은 운동화를 신고 엄마를 따라나서는 아이가 있다.

캄보디아에서 만난 아이들은 부모가 동이 트기도 전에 일터로 나갔거나 부모가 아예 없는 고아들이 많았다. 낮시간에 아이들끼리 삼삼오오 모여있거나 목걸이 같은 것을 팔고 다니는 아이들이 눈이 띄었다. 특히 관광지인 사원 주변에 그런 광경을 자주 볼 수 있었다.

그 아이들을 보면서 저들의 부모는 지금 어디서 무엇을 하고 있을지 문득 궁금했다. 일터에서 고된 하루를 살아내느라 잠시나마 아이는 품에 잊고 있을지도 모른다. 아니면 어린 자식을 길에 두고 온 것이 내내 마음이 쓰여 집으로 갈 시간만 애가 타게 기다리고 있을지.

부모의 부재가 익숙해져 버린 듯한 아이들은 생활 속에 적응하며 저마다 나름의 열심인 하루를 보내고 있어 보였다.

내 아이도 슬프지만 그렇게 엄마의 빈자리를 받아들이기를 이기적인 엄마는 바래본다. 엄마를 너무 보고파도 하지 말고 기다리지 말기를. 그저 그 시간 동안은 철없이 마냥 즐겁기만 했으면 하고 어리석은 기대를 해본다.

또 한뼘 자란다

운이 좋으면 돌고래 떼를 볼 수 있다고 했다. 100여 마리가 넘는 돌고래 떼가 포물선을 그리며 점프하는 장관이 바로 눈앞에서 펼쳐진다는 말에 가슴이 쿵쾅쿵쾅 뛰기 시작했다.

시간도 경비도 넉넉하지 않았지만, 볼 수 있을지 없을지 확신도 없었지만 돌고래 떼 점프라는 설레는 한마디를 들은 이상 예약하지 않을 수가 없었다.

대만 일정의 막바지 즈음에 우리는 돌고래 무리 속에 섞여 함께 망망대해를 가르는 행복한 기대를 안고 화롄행 버스에 올랐다.

버스 안에서는 곧 보게 될 거라 믿어 의심치 않았던 돌고래 꿈을 꾸며 단잠을 청했다. 하지만 결론부터 말하자면 우리의 돌고래 꿈은 인어공주의 비누 거품처럼 허무하게 사라져 버렸다.

선착장에 도착하고 배정된 배를 탄 뒤 일렁이는 파도를 헤치며 두 시간을 달리고 달렸지만 돌고래는커녕 날치 한 마리 보지 못하고 우리가 탄 배는 선착장으로 회항을 해야만 했다.

어느 블로그에선 지금 시즌엔 돌고래를 못 보는 것이 더 힘들 것이라고 했다.

여행 때마다 날씨며 만남이며 그다지 여행운이 나쁘지 않았던 나로서는 어쩌면 당연한 기대로 돌고래와의 만남을 확신하고 있었던 것일지도 모른다.

배 멀미약을 먹고 쏟아지는 졸음에 눈을 감았다 떴다를 반복하며 희소식을 기다렸다. 하지만 "저기 돌고래다!"라는 사람들의 함성에 눈을 번쩍 뜨고 뱃머리로 달려가는 장면은 끝내 꿈속에서나 일어나는 일이 되고야 말았다.

어른인 나도 이렇게 실망이 큰데 며칠 동안 돌고래로 된 노래를 지어 부르며 들뜬 마음을 숨지기 못하던 아이들은 오죽할까 싶어 걱정스러운 마음에 조심스럽게 말을 건네보았다.

"괜..찮아..?"

아이들은 의외로 아무렇지 않았다. 그리고는 배를 타기 전 선착장에서 받은 싸구려 기념 열쇠고리를 들어 보이며 말했다.

"그래도 우리 이거 실패한 건 아닌 거 같아. 이렇게 돌고래

열쇠고리는 하나 건졌잖아!"

아이들의 그 한마디에 그제야 내 마음도 조금 편안해졌다.

세상은 마음먹은 대로 되지 않는다. 여행은 더더욱 그러하다. 그럼에도 불구하고 좌절하지 않고 새로운 빛을 찾아낼 줄 알아야 한다. 그 인생의 답을 8살 꼬맹이들은 이미 알고 있다는 듯이 해맑게 내 옆에서 웃고 있었다.

어느 순간부터 여행을 하면서 미리 짜인 각본대로 되지 않으면 불안하고 초조해지기 시작했다. 아마 꼬맹이 여행메이트와 함께하는 여행을 시작하면서부터인 것 같다.

돌이켜보면 아이는 아장아장 걸을 때부터 장시간 비행도 잘 견뎌주었고(물론 가끔은 비행기에서 나가자! 나가자! 생떼를 써서 진땀을 뺀 기억이 있긴 하지만) 힘든 도보여행도 작은 보폭을 바삐 옮기며 잘 따라주었다.

모든 근심은 아이가 아플까 봐 다칠까 봐 힘들어할까 봐 맘졸이는 엄마인 내 마음속에만 있을 뿐이었다.

아이는 걱정 많은 엄마를 안심시키려는 듯 '걱정마요 엄마. 저 잘 크고 있어요.'를 일상에서 증명해 보여주고 있었다.

아이들의 말처럼 이번 돌고래 여행이 정말 실패한 것이 아니구나. 이렇게 엄마는 여행과 함께 아이들과 함께 또 한 뼘 자랐다.

여행을 마치며

여행, 어차피 떠나지 못한다면

눈에 보이지도 않는 '바이러스'라는 존재가 온 세상을, 모든 사람을, 당연했던 범사들을 송두리째 뒤흔들었다.
여행 쟁이들의 배낭과 캐리어는 창고에서 먼지를 뒤집어쓴 채 어둠 속에 찌그러져있다.
이 전염병이 시작될 때만 해도 여느 때처럼 한 두 달 시끄럽다가 모든 것이 일상으로 다시 제자리를 잡을 줄만 알았다. 그래서 4월 말에 계획 해 둔 러시아 여행에는 아무 지장이 없을 거라 믿고 오래도록 취소를 미루기도 했었다.

하지만 지난 일년 간, 세상은 상상 그 이상으로 너무도 많이 변해버렸다.
아직 세상을 알기엔 어린 4살 아기의 입에서도 "코로나 때문에"라는 말이 나온다.

생계의 절벽에 놓인 사람들 앞에서 여행을 못해 답답하고 우울해 미치겠다는 말은 사치일지 모르겠지만 그 사람들도 우리도 이 상황이 하루빨리 끝나길 바라는 간절함만큼은 한 마음일 것이다.

팍팍한 현실에서 여행이 사라지면 견디기 힘들 것만 같았다. 대체 무슨 낙으로 살아가나 하는 마음만 클 줄 알았다. 그런데 여행이 빠진 일상은 생각보다 내게 견딜만했다. 아니 어떻게 보면 생각만큼 그리 나쁘지만은 않았다.

먼저 많은 사람이 최근 들어 느끼는 것과 다를 바 없이 나 또한 그동안의 일상에 크나큰 감사함이 마음을 채웠다.

너무도 당연히 항공권을 예매하던 나를 떠올리며 떠날 수 있었던 금전적 여유로움, 허락된 시간, 함께 할 수 있었던 사람들. 여행을 가능케 한 소소한 모든 것들이 행운과 축복이었음을 이젠 안다.

또한 무엇보다 그동안 여행을 해오며 겹겹이 쌓아 온 추억들이 새삼 더 값지게 느껴진다. 그 추억이라도 있었기에 훗날의 떠남을 기대하며 마음을 추스를 수 있다.

떠날 수 없는 시대를 살면서 떠남에 대한 글을 쓰는 이유도 아마 마음속에 저장된 여행의 기억을 되뇌고 곱씹고 싶기 때문이 아닐까 싶다.

우리에게 주어진 놀라운 축복 중 하나는 '상상과 추억'이다. 이 능력은 어떠한 부정적 상황에서도 희망을 보게한다.

활자를 통해 써 내려간 여행 이야기에 내 마음을 실으면 이내 곧 그곳으로 떠난 것만 같은 기분을 느낄 수 있다.

오늘 아침 포털 사이트에서 '마다가스카르 여행'을 검색했다. 그리곤 그곳을 다녀온 여행자들의 여행 일상을 엿보았다. 다시 마음이 뜨거워지고 심장박동이 빨라지는 것을 느꼈다.

언제 돌아올지 모르는 예전의 일상이지만 우리는 그때까지 여행의 감각을 잊지 않기 위해 나름의 방법으로 살아가야 할 것이다.

나는 그때가 올 때까지 쉼없이 여행을 기록하고 읽고 추억하며 살아가려 한다.

코로나19와 함께 한 2021년 봄의 문턱에서

ΕΣΤΙΑΤΟΡΙΟ-RESTAURANT
OIA-SANTORINI
KING NEPTUNE
NEPTUNE
Roof Garden
Open Terrace
Upstairs
Nakis

좋은 날이 올거야

초판 1쇄 펴낸날 2021년 3월 31일

저자 구민아
사진 구민아
펴낸이 손상민
디자인 최광희
제작 지성정판인쇄

펴낸곳 나무와바다
주소 창원시 성산구 동산로 186번길 7
홈페이지 www.퇴근후책쓰기.com
블로그 blog.naver.com/mangocompany
이메일 neo7796@hanmail.net

ISBN 979-11-965514-4-5